Bohner
Ott
Rosner
Deusch

Arbeitsheft
Mathematik für berufliche Gymnasien
Jahrgangsstufen 1 und 2
Analysis und Stochastik

Merkur
Verlag Rinteln

Wirtschaftswissenschaftliche Bücherei für Schule und Praxis
Begründet von Handelsschul-Direktor Dipl.-Hdl. Friedrich Hutkap †

Verfasser:

Kurt Bohner
Lehrauftrag Mathematik am BS Wangen
Studium der Mathematik und Physik an der Universität Konstanz

Roland Ott
Studium der Mathematik an der Universität Tübingen

Stefan Rosner
Lehrauftrag Mathematik an der Kaufmännischen Schule in Schwäbisch Hall
Studium der Mathematik an der Universität Mannheim

Ronald Deusch
Lehrauftrag Mathematik am BSZ Bietigheim-Bissingen
Studium der Mathematik an der Universität Tübingen

* * * * * * * * *

2. Auflage 2017
© 2015 by Merkur Verlag Rinteln

Gesamtherstellung:
Merkur Verlag Rinteln Hutkap GmbH & Co. KG, 31735 Rinteln

E-Mail: info@merkur-verlag.de
         lehrer-service@merkur-verlag.de
Internet: www.merkur-verlag.de

Lösungen zu: ISBN 978-3-8120-**1339-0**

Inhaltsverzeichnis

Einleitung

Das Arbeitsheft dient zur Aufbereitung, Wiederholung und Festigung des im Schülerbuch der Jahrgangsstufen 1 und 2 behandelten Lernstoffs. Es soll parallel zum Schülerbuch verwendet werden.

Die begleitende Unterstützung durch die Lehrkraft ist gewünscht und sehr sinnvoll.

Das Arbeitsheft enthält ergänzende Aufgaben zur Wiederholung und ermöglicht eine Lernkontrolle in Eigenverantwortung. Das im Vergleich zum Schülerbuch veränderte Format und die Form der Darstellung wirken motivierend auf Schüler/innen.

Einige Aufgaben beinhalten fächerübergreifende Aspekte in Handlungssituationen.

Das Arbeitsheft hilft, das Erlernte zu festigen und damit eine gute Grundlage für die Jahrgangsstufe und das schriftliche Abitur zu schaffen.

I Analysis

1 Differenzialrechnung

1.1 Differenzialquotient und Ableitung

1. Bestimmen Sie die mittlere Änderungsrate auf [a; b].

$f(x) = (x + 1)^2$; [0; 2]	$\dfrac{f(2) - f(0)}{2 - 0} = \dfrac{9 - 1}{2} = 4$
$f(x) = 6x - 2x^3$; [1; 3]	
$f(x) = 3e^{\frac{1}{2}x}$; [− 1; 2]	
$f(x) = 2\sin(2x)$; [0; $\frac{\pi}{4}$]	
$f(x) = 9$; [− 5; 3]	
$f(x) = x^4 - x^2$; [− 2; 0]	

2. Bestimmen Sie die momentane Änderungsrate in x_0.

$f(x) = x^2 + 2$; $x_0 = 2$	$\dfrac{f(2 + h) - f(2)}{h} = \dfrac{(2 + h)^2 + 2 - 6}{h} = \dfrac{h^2 + 4h}{h} = h + 4$ $h + 4 \rightarrow 4$ für $h \rightarrow 0$ $\qquad m_t = f'(2) = 4$
$f(x) = 6x^2 - 2$; $x_0 = 1$	
$f(x) = x^2 - x$; $x_0 = 0$	

3. Für eine Funktion f gilt folgende Bedingung. Welche Aussagen lassen sich daraus für das Schaubild K von f treffen?

$f'(2) = -3$	K hat in x = 2 die Steigung − 3.
$f'(4) = 0$	
$f'(x) > 0$; $x \in \mathbb{R}$	
$f(-1) = 0$	
$f(4) < 0$	
$f'(-2) = -1$	
$f(3) = 4 \wedge f'(3) = 0$ und	
$f'(x) = 1$	

4. Bestimmen Sie die mittlere Änderungsrate von f auf [1; 3] und die momentane Änderungsrate in $x_0 = 1$ mithilfe der Abbildung.

Lösung:

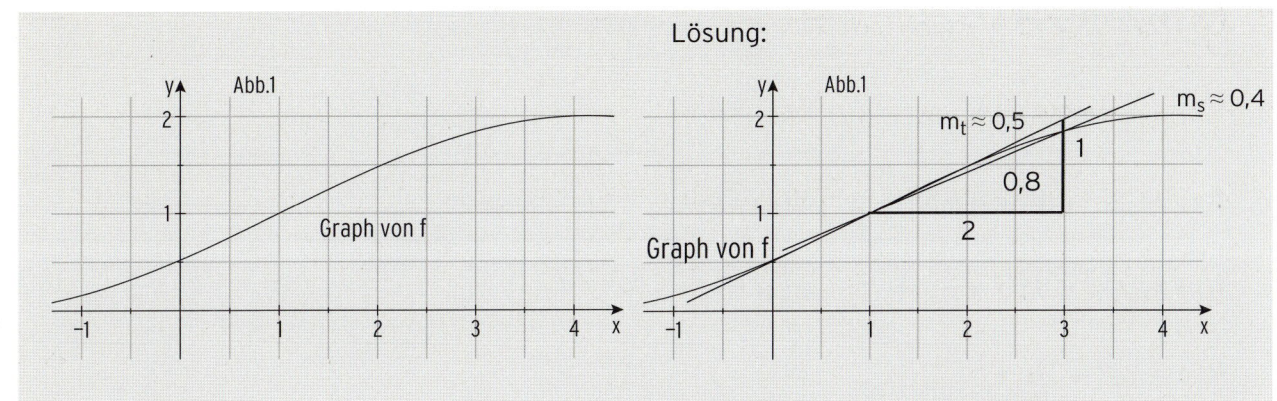

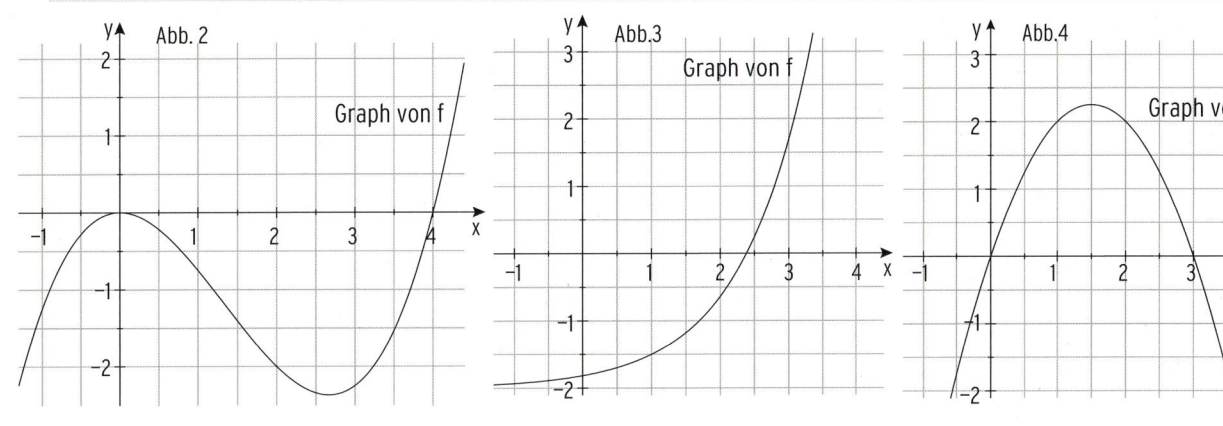

$m_s =$

$m_t =$

$m_s =$

$m_t =$

$m_s =$

$m_t =$

5. Die Abbildung zeigt das Schaubild der Ableitungsfunktion einer Funktion f. Beantworten Sie folgende Fragen über das Schaubild K von f.
   a) An welchen Stellen hat K eine waagrechte Tangente?
   b) An welchen Stellen hat K die Steigung 2?

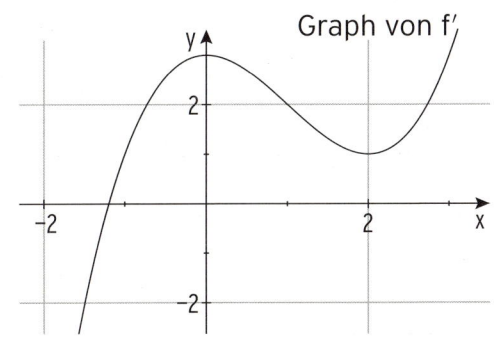

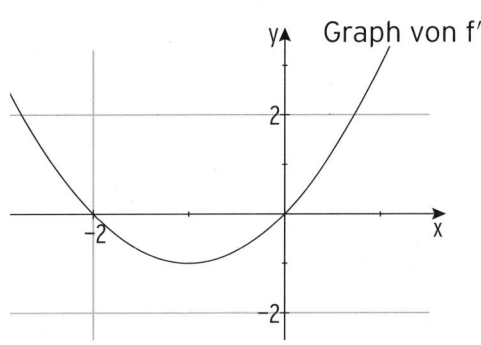

Lösung:
a)

b)

Lösung:
a)

b)

6. Bilden Sie die erste Ableitung.

$f(x) = 2\cos(x) + 1$	$f'(x) = -2\sin(x)$
$f(x) = -3\sin(x) - x$	$f'(x) =$
$f(x) = \frac{1}{4}x^3 + x^4 + 3$	$f'(x) =$
$f(x) = \frac{1}{32}x^3 + x^2 + x - 4$	$f'(x) =$
$f(x) = 5e^x + 2x - 1$	$f'(x) =$
$f(x) = ae^x + b$	$f'(x) =$
$f(x) = \frac{3}{x}$	$f'(x) =$
$f(x) = -4\sqrt{x}$	$f'(x) =$

7. Bilden Sie die erste Ableitung mithilfe der Kettenregel.

$f(x) = 2\sin(3x)$	$f'(x) = 3 \cdot 2\cos(3x) = 6\cos(3x)$
$f(x) = \frac{5}{2}e^{4x} + 5x$	$f'(x) =$
$f(x) = 0{,}25e^{x-1} + 2$	$f'(x) =$
$f(x) = (2x - 4)^3$	$f'(x) =$
$f(x) = -1{,}2e^{2-3x} + x^3$	$f'(x) =$
$f(x) = 2ae^{bx + c}$	$f'(x) =$
$f(x) = -\pi \cos(0{,}5x)$	$f'(x) =$
$f(x) = x - \sin(0{,}3\pi x)$	$f'(x) =$
$f(x) = \frac{9}{5}e^{x^2 + 1} + 2$	$f'(x) =$
$f(x) = 4\sin(3 + 2x) + 1$	$f'(x) =$
$f(x) = \pi - 2\cos(2(x + 1))$	$f'(x) =$
$f(x) = 4\cos(\frac{x}{\pi})$	$f'(x) =$

8. Bestimmen Sie die 1. Ableitung mithilfe der Produktregel.

$f(x) = (x - 8)e^x$	$f(x) = (2 - 6x)e^x$	$f(x) = x \cdot \sin(x)$
$u(x) = x - 8 \Rightarrow u'(x) = 1$ $v(x) = e^x \Rightarrow v'(x) = e^x$ $f'(x) = 1 \cdot e^x + (x - 8)e^x$ $f'(x) = e^x \cdot (1 + x - 8)$ $f'(x) = (x - 7)e^x$		

9. Bestimmen Sie die 1. Ableitung.

$f(x) = 4xe^{-3x}$	$f(x) = x^2 e^{-\frac{1}{2}x}$	$f(x) = \sin(2x) \cdot e^{-x}$

10. Kreuzen Sie die richtige Ableitung an.

$f(x) = (x - 3)e^x$	☐ $f'(x) = (x - 2)e^x$	☐ $f'(x) = (x - 2)e^{2x}$
$f(x) = 4x - e^{2x}$	☐ $f'(x) = 4 - 2e^x$	☐ $f'(x) = 4 - 2e^{2x}$
$f(x) = -3\sin(2x - 1)$	☐ $f'(x) = 6\cos(2x - 1)$	☐ $f'(x) = -6\cos(2x - 1)$
$f(x) = \frac{1}{7}x^4 + \frac{3}{7}x^3 + 2$	☐ $f'(x) = \frac{4}{7}x^3 + \frac{9}{7}x^2 + 2$	☐ $f'(x) = \frac{1}{7}(4x^3 + 9x^2)$

11. Bilden Sie die erste und die zweite Ableitung.

$f(x) = 2\cos(4x) + 2x$	$f'(x) = -8\sin(4x) + 2$	$f''(x) = -32\cos(4x)$
$f(x) = 3x - e^{2x} - 1$	$f'(x) =$	$f''(x) =$
$f(x) = \frac{1}{4}x^5 + x^4 + 3x^2$	$f'(x) =$	$f''(x) =$
$f(x) = \frac{1}{16}(x^4 + x^2 - 8)$	$f'(x) =$	$f''(x) =$
$f(x) = 5(e^{3x} - \sin(\pi x))$	$f'(x) =$	$f''(x) =$

12. Entscheiden Sie, ob hier richtig oder falsch abgeleitet wurde. Beschreiben Sie gegebenenfalls kurz, worin der Fehler besteht.

Funktionsterme	richtig falsch	richtig wäre ...	Was wurde nicht beachtet?
$f(x) = 2x^4 + 2x^2$ $f'(x) = 8x^4 + 4x^2$	☐ (r) ☒ (f)	$f'(x) = 8x^3 + 4x$	Potenzregel: $(x^4)' = 4x^3$
$f(x) = 3x^6 - 3x^4 + x$ $f'(x) = 18x^5 - 12x^3$	☐ (r) ☐ (f)	$f'(x) =$	
$f(x) = \frac{1}{2}e^{2x}$ $f'(x) = e^{2x}$	☐ (r) ☐ (f)	$f'(x) =$	
$f(x) = \sin(2x) + 1$ $f'(x) = \cos(2x)$	☐ (r) ☐ (f)	$f'(x) =$	
$f(x) = e^{2x} \cdot x^2$ $f'(x) = e^{2x} \cdot 2x$	☐ (r) ☐ (f)	$f'(x) =$	
$f(x) = \cos(\pi x + 1)$ $f'(x) = \sin(\pi x)$	☐ (r) ☐ (f)	$f'(x) =$	
$f(x) = \frac{1}{x^2}$ $f'(x) = \frac{1}{2x}$	☐ (r) ☐ (f)	$f'(x) =$	
$f(x) = 2x(x^3 + 4x^2)$ $f'(x) = 2(3x^2 + 8x)$	☐ (r) ☐ (f)	$f'(x) =$	

13. Sind die Aussagen wahr (w) oder falsch (f)?

Der Funktionswert von f mit $f(x) = x^2 + 1$; $x \in \mathbb{R}$, entspricht an jeder Stelle x der Steigung des Graphen der Ableitungsfunktion.	☐ (w)	☐ (f)
Der y-Wert $f'(x)$ entspricht an jeder Stelle x der Steigung des Graphen der Funktion f.	☐ (w)	☐ (f)
Die Ableitungsfunktion einer linearen Funktion ist eine konstante Funktion.	☐ (w)	☐ (f)
Es gibt keine zwei Funktionen, welche beide die gleiche Ableitungsfunktion haben.	☐ (w)	☐ (f)
Bei der Funktion f mit $f(x) = e^x$; $x \in \mathbb{R}$, entspricht der y-Wert an jeder Stelle der Steigung des zugehörigen Schaubildes.	☐ (w)	☐ (f)

1.2 Tangente und Normale

1. Berechnen Sie die Gleichung der Tangente an das Schaubild von f an der Stelle x = u.

$f(x) = 3x - 2x^2$ $u = -2$	$f(-2) = 3 \cdot (-2) - 2 \cdot (-2)^2 = -14$ $f'(x) = 3 - 4x$; $f'(-2) = 3 - 4(-2) = 11$; also $m_t = 11$ Tangentengleichung: $y = 11x + b$ Punktprobe mit B($-2 \mid -14$): $-14 = 11 \cdot (-2) + b \Rightarrow b = 8$ Tangentengleichung: $y = 11x + 8$
$f(x) = x - 2e^{0,25x}$ $u = 4$	
$f(x) = \frac{1}{2}\sin(3x) + 1$ $u = \frac{\pi}{6}$	

2. Berechnen Sie die Gleichung der Normale an das Schaubild von f an der Stelle x = u.

$f(x) = x^3 - x^2$ $u = -1$ $\boxed{m_n = -\dfrac{1}{m_t}}$	$f(-1) = (-1)^3 - (-1)^2 = -2$ $f'(x) = 3x^2 - 2x$; $f'(-1) = 3 \cdot (-1)^2 - 2(-1) = 5 \Rightarrow m_n = -\frac{1}{5}$ Normalengleichung: $y = -\frac{1}{5}x + b$ Punktprobe mit B($-1 \mid -2$): $-2 = -\frac{1}{5} \cdot (-1) + b \Rightarrow b = -\frac{11}{5}$ Normalengleichung: $y = -\frac{1}{5}x - \frac{11}{5}$
$f(x) = 3 - 2e^{-x}$ $u = 0$	
$f(x) = 2\cos(2x) + 2$ $u = \frac{\pi}{4}$	

9

2 Bohner, Ott, Rosner, Deusch - ISBN 978-3-8120-1339-0

3. Gezeichnet ist das Schaubild einer Funktion h mit der Definitionsmenge D = [− 1; 8].
   Prüfen Sie für jede der folgenden Aussagen, ob sie wahr oder falsch ist.

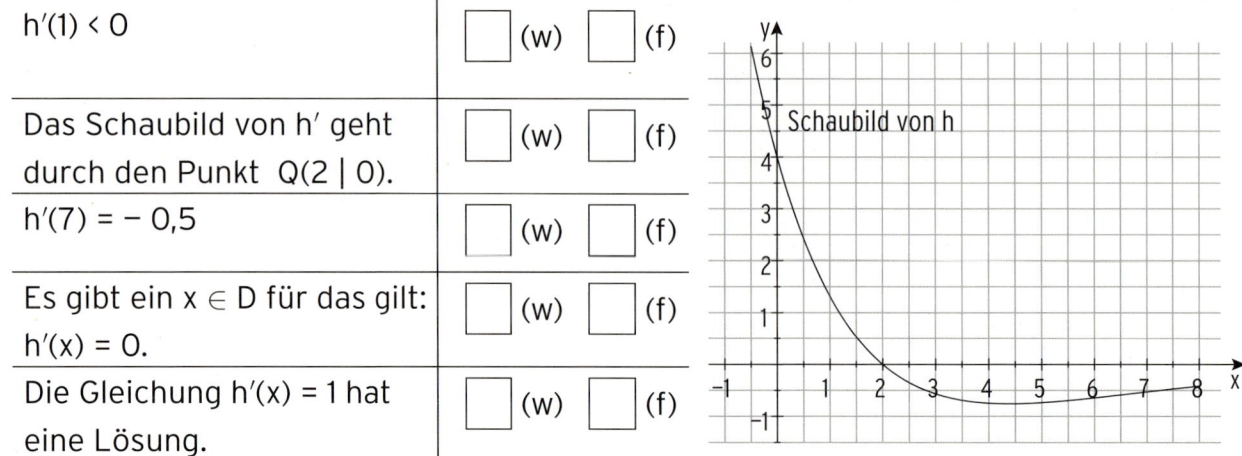

$h'(1) < 0$	☐ (w) ☐ (f)	
Das Schaubild von h' geht durch den Punkt Q(2 | 0).	☐ (w) ☐ (f)	
$h'(7) = -0,5$	☐ (w) ☐ (f)	
Es gibt ein $x \in D$ für das gilt: $h'(x) = 0$.	☐ (w) ☐ (f)	
Die Gleichung $h'(x) = 1$ hat eine Lösung.	☐ (w) ☐ (f)	

4. Berührt das Schaubild K von f mit $f(x) = \frac{1}{16}x^4 - \frac{1}{2}x^2 + 1$; $x \in \mathbb{R}$, die x-Achse?
   Begründen Sie durch Rechnung. Skizzieren Sie das Schaubild von f.

   Lösung:

   _____

   _____

   _____

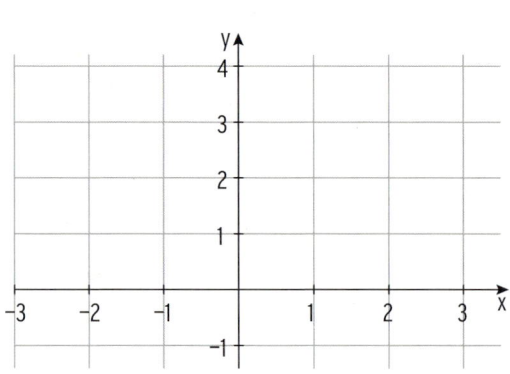

5. Berühren sich das Schaubild von f mit $f(x) = -\frac{1}{2}x^2 + 2$; $x \in \mathbb{R}$, und das Schaubild von g
   mit $g(x) = e^{2-x} + x - e + 0,5$; $x \in \mathbb{R}$, in $x_0 = 1$?
   Begründen Sie rechnerisch.

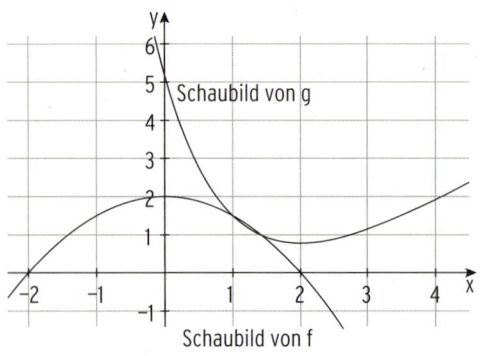

   Lösung:

   _____

   _____

   _____

6. Zeigen Sie: Das Schaubild K von f mit $f(x) = x^2(x^2 - 5)$; $x \in \mathbb{R}$, und das Schaubild G von g mit $g(x) = 3x^2 - 16$; $x \in \mathbb{R}$, haben genau zwei gemeinsame Punkte. Welche besonderen Eigenschaften liegen vor?

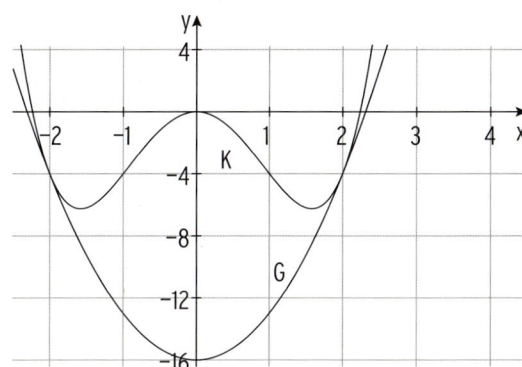

Lösung:

_____

_____

_____

7. Schneiden sich die Schaubilder von f mit $f(x) = 1,5e^{2x} + 3$; $x \in \mathbb{R}$, und g mit $g(x) = x^2 - \frac{1}{3}x + \frac{9}{2}$; $x \in \mathbb{R}$, senkrecht? Begründen Sie durch eine Rechnung.

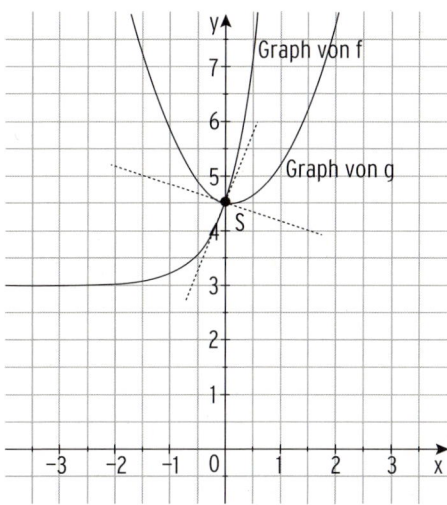

Lösung:

_____

_____

_____

8. Das Fahrzeug bricht in $x_0 = 10$ aus.
   Trifft es das Hindernis im Punkt P(20 | 0,25)?

   Skizze:

   $f(x) = 2e^{1- 0,1x}$; $f'(x) =$ _____

   Tangente in _____

   _____

   _____

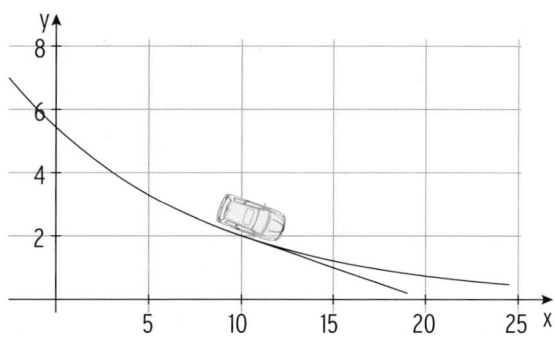

   Punktprobe mit P: _____

9. Gegeben ist die Gerade g: $y = 2x - 3$.

   Berechnen Sie den zugehörigen Steigungswinkel α_g.

   $m_g =$ _____ $\Rightarrow \alpha_g =$ _____

   Zeichnen Sie zusätzlich die Gerade h mit $y = 0{,}5x$ ein. Berechnen Sie den Steigungswinkel α_h dieser Geraden:

   $m_h =$ _____ $\Rightarrow \alpha_h =$ _____

   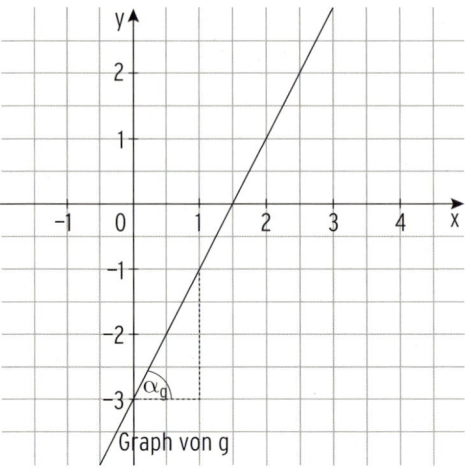

   Berechnen Sie den Schnittwinkel α der Geraden g und h.

   $\alpha =$ _____

10. Die Abbildung zeigt die Graphen der Funktionen f mit $f(x) = e^{0{,}5x - 1}$; $x \in \mathbb{R}$, und g mit $g(x) = -\frac{1}{4}x^2 + 2$; $x \in \mathbb{R}$.

    Berechnen Sie den Schnittwinkel α der beiden Schaubilder.

    $f'(x) =$ _____

    $g'(x) =$ _____

    $m_1 = f'($ $) =$ _____

    $m_2 = g'($ $) =$ _____

    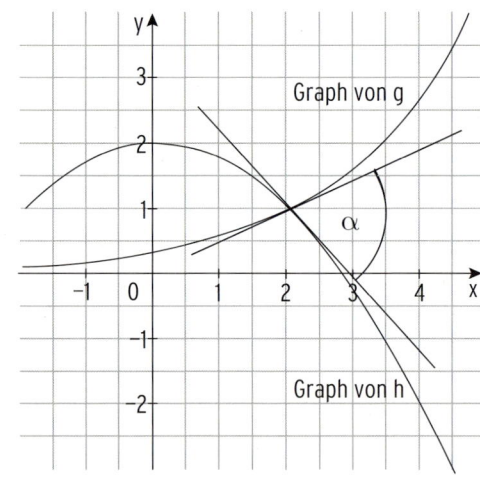

    $\tan(\alpha_1) =$ _____ $\Rightarrow \alpha_1 =$ _____

    $\tan(\alpha_2) =$ _____ $\Rightarrow \alpha_2 =$ _____

    Schnittwinkel

    $\alpha =$ _____

    oder

    mit der Schnittwinkelformel:

    $$\tan(\alpha) = \left| \frac{\rule{2cm}{0.4pt}}{1 + \rule{2cm}{0.4pt}} \right| \Rightarrow \alpha =$$ _____

    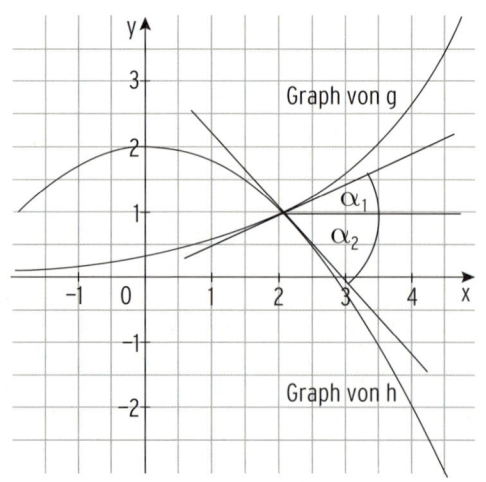

1.3 *Grafisches Differenzieren*

1. Zeichnen Sie das Schaubild der 1. Ableitungsfunktion.

Abb. 1

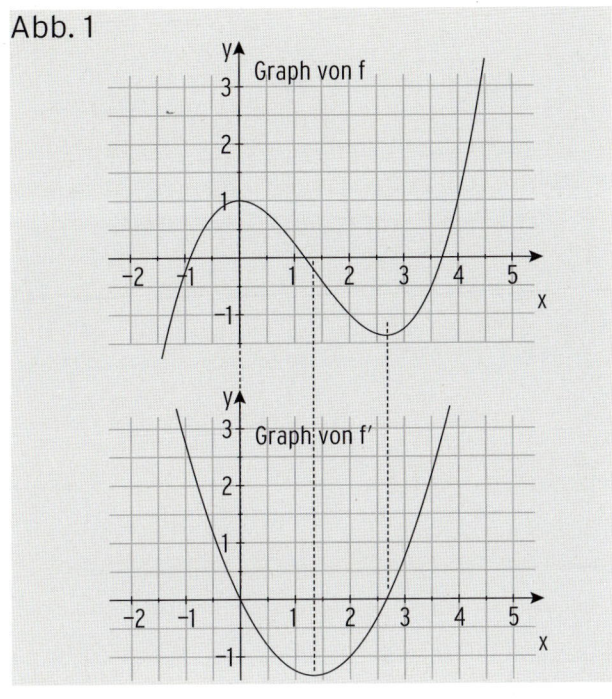

Abb. 2

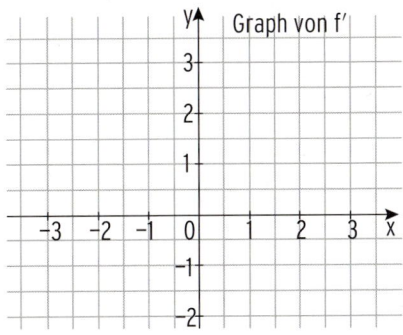

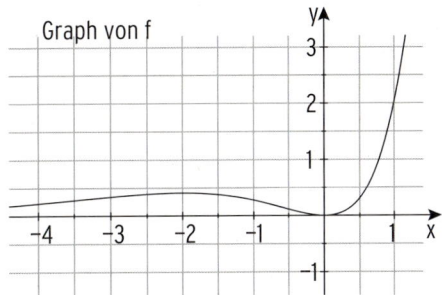

Abb. 3

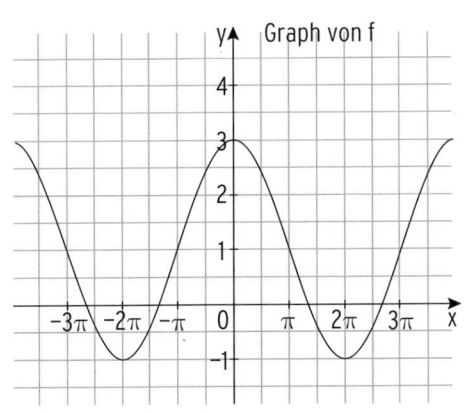

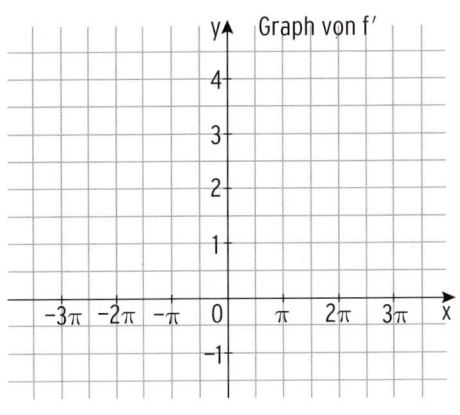

Abb. 4

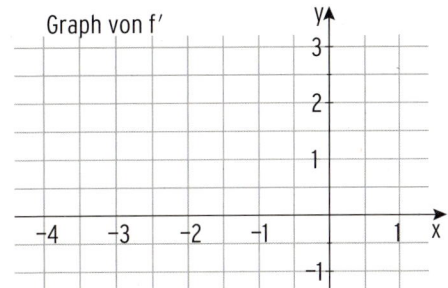

2. Die folgenden Abbildungen 1 und 2 zeigen die Schaubilder einer Funktion und ihrer Ab-leitungsfunktion. Welches Schaubild gehört zur Funktion, welches zur Ableitungsfunktion? Begründen Sie Ihre Entscheidung.

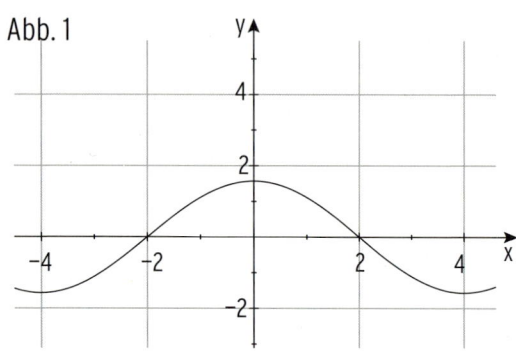

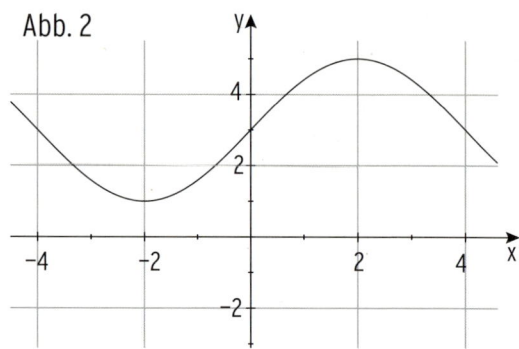

Zuordnung:

Begründung: _____

_____

_____

3. Gegeben ist das Schaubild einer Funktion f. Skizzieren Sie das Schaubild ihrer Ablei-tungsfunktion in das untenstehende Koordinatensystem.

Schaubild von f

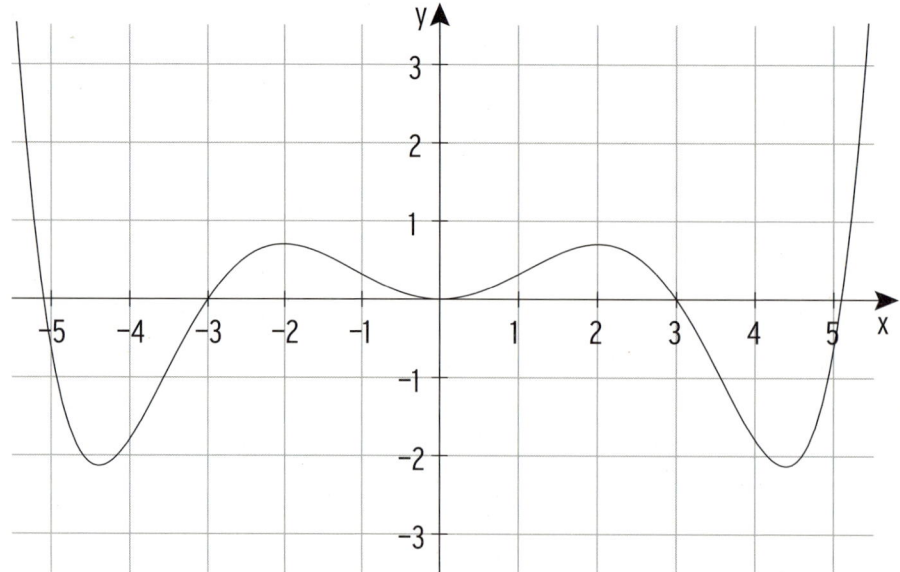

4. Die Abbildungen zeigen die Schaubilder K von f, G von g und H von h und die Schaubilder der zugehörigen Ableitungsfunktionen. Ordnen Sie zu und begründen Sie.

a)

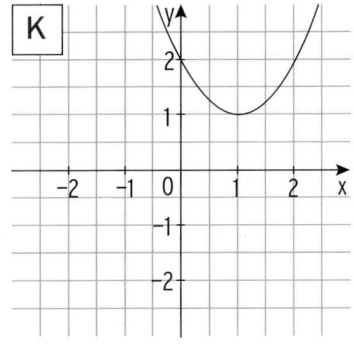

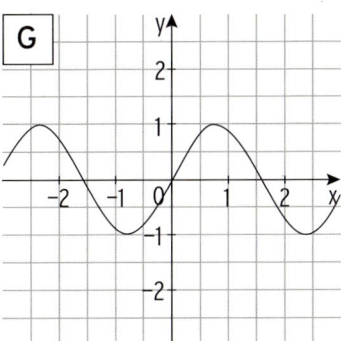

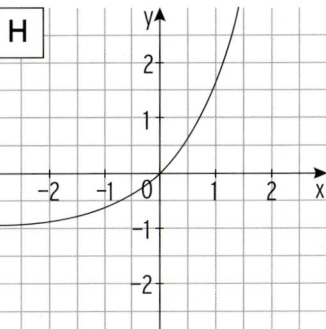

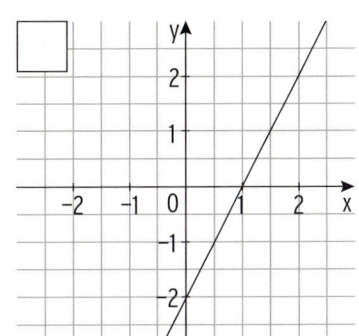

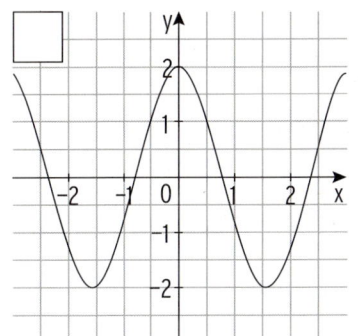

Begründung: _____

_____

b)

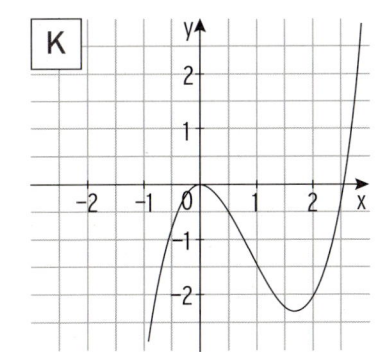

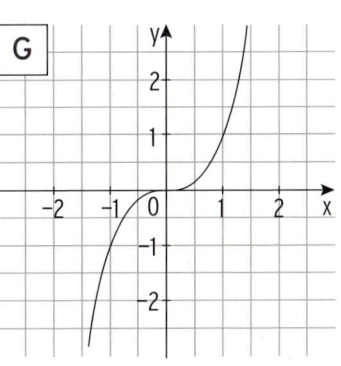

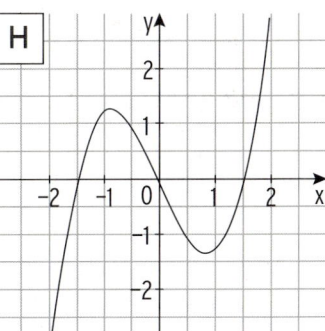

Begründung: _____

_____

1.4 Extrem-und Wendepunkte

Monotonie

1. Bestimmen Sie die Monotoniebereiche von f mit Hilfe der Abbildung.

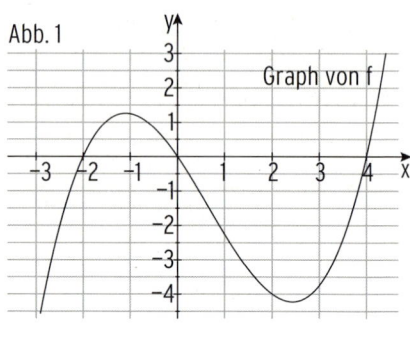
Abb. 1 — Graph von f

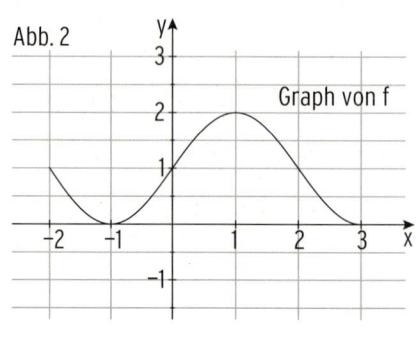
Abb. 2 — Graph von f

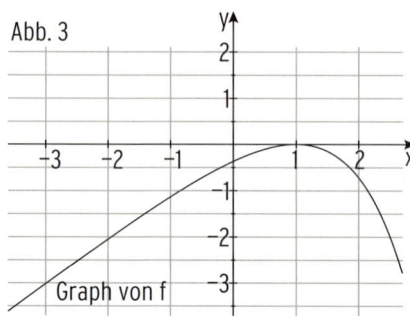
Abb. 3 — Graph von f

Abb. 1: _____

Abb. 2: _____

Abb. 3: _____

_____   _____   _____

2. Zeigen Sie, f mit $f(x) = x^2 - 2x$; $x \in \mathbb{R}$, ist auf [1; 5] monoton wachsend.

Ableitung: _____

_____

_____

3. Zeigen Sie, f mit $f(x) = -x^3 + 2x^2 - 3$; $x \in \mathbb{R}$, ist für x < 0 monoton fallend.

Ableitung: _____

_____

_____

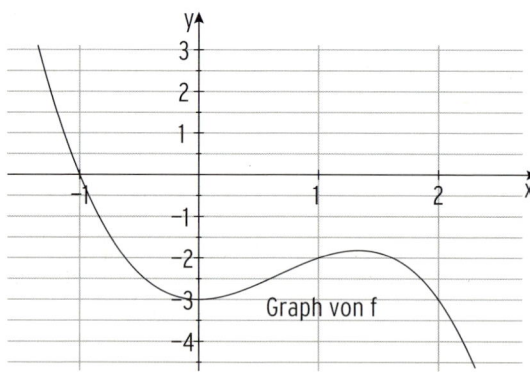
Graph von f

4. Zeigen Sie, f mit $f(x) = \frac{1}{4} e^{1-2x} + 1$; $x \in \mathbb{R}$, ist auf $\mathbb{R}$ monoton fallend.

Ableitung: _____

_____

_____

Extrempunkte

5. Gegeben ist die Funktion f. Das Schaubild von f heißt K. Berechnen Sie die Koordinaten der Hoch- und Tiefpunkte von K.

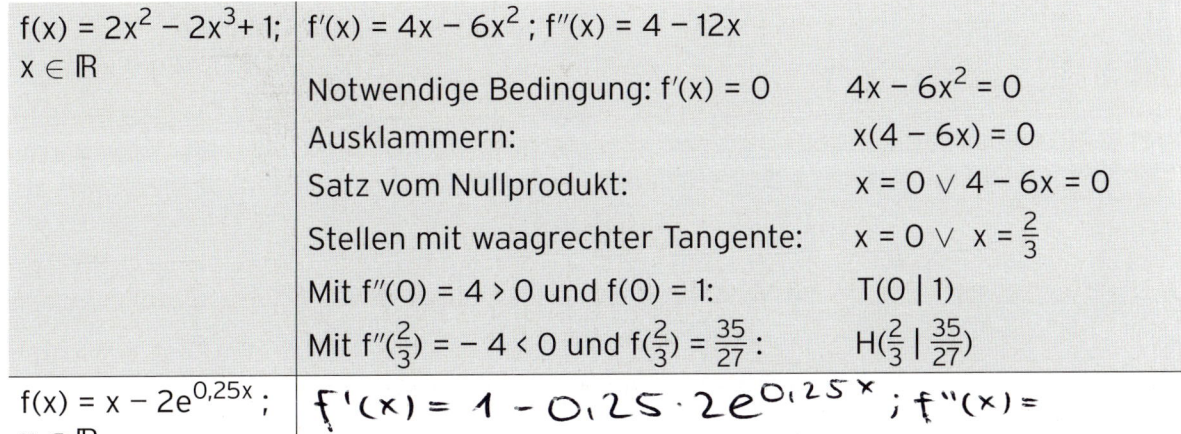

$f(x) = 2x^2 - 2x^3 + 1;$ $x \in \mathbb{R}$	$f'(x) = 4x - 6x^2 \; ; \; f''(x) = 4 - 12x$
	Notwendige Bedingung: $f'(x) = 0$ $\qquad 4x - 6x^2 = 0$
	Ausklammern: $\qquad\qquad\qquad\qquad x(4 - 6x) = 0$
	Satz vom Nullprodukt: $\qquad\qquad\quad x = 0 \lor 4 - 6x = 0$
	Stellen mit waagrechter Tangente: $\quad x = 0 \lor x = \frac{2}{3}$
	Mit $f''(0) = 4 > 0$ und $f(0) = 1$: $\qquad T(0 \mid 1)$
	Mit $f''(\frac{2}{3}) = -4 < 0$ und $f(\frac{2}{3}) = \frac{35}{27}$: $\quad H(\frac{2}{3} \mid \frac{35}{27})$

$f(x) = x - 2e^{0,25x}$;
$x \in \mathbb{R}$

$f'(x) = 1 - 0{,}25 \cdot 2e^{0,125x} \; ; \; f''(x) =$

$f(x) = (x - 2)e^x$;
$x \in \mathbb{R}$

$f(x) = \sin(2x) + 1$;
$x \in [0; \pi]$

3 Bohner, Ott, Rosner, Deusch - ISBN 978-3-8120-1339-0

Krümmung

6. Bestimmen Sie die Krümmungsbereiche des Graphen von f mit Hilfe der Abbildung.

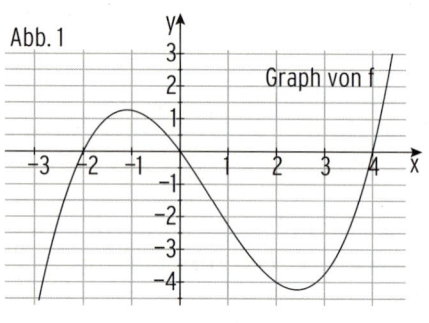
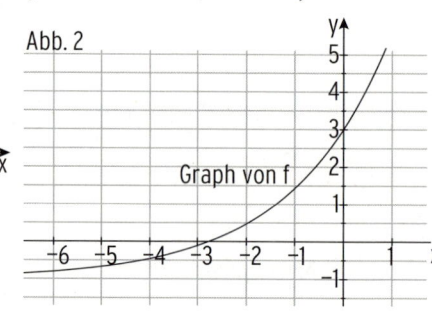
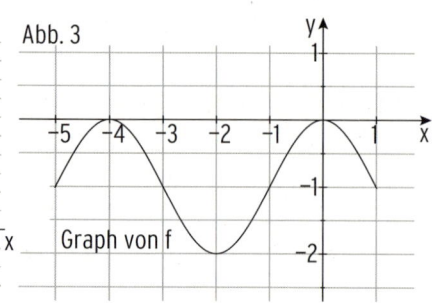

Abb. 1: _____   Abb. 2: _____   Abb. 3: _____

_____   _____   _____

7. Gegeben ist die Funktion f mit $f(x) = x^3 - 2x^2 - 3x$; $x \in \mathbb{R}$. Untersuchen Sie das Schaubild von f auf Krümmung.

Ableitungen: _____

_____

_____

8. Zeigen Sie, das Schaubild von
   f mit $f(x) = \frac{1}{4}(x^4 - 8x^2 - 1)$; $x \in \mathbb{R}$,
   ist für $x \in [-1; 1]$ rechtsgekrümmt.

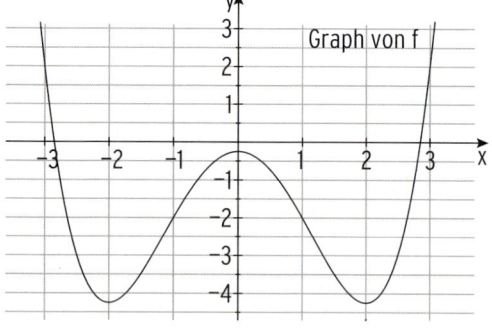

Ableitungen: _____

_____

_____

_____

9. Zeigen Sie, das Schaubild von f mit $f(x) = \frac{1}{2}e^{-x} + x$; $x \in \mathbb{R}$, ist linksgekrümmt auf $\mathbb{R}$.

Ableitungen: _____

_____

_____

Wendepunkte

10. Gegeben ist die Funktion f. Das Schaubild von f heißt K. Berechnen Sie die Koordinaten der Wendepunkte von K.

$f(x) = x^4 - 2x^3 + 1;$ $x \in \mathbb{R}$ 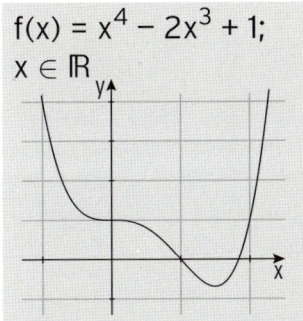	$f'(x) = 4x^3 - 6x^2$; $f''(x) = 12x^2 - 12x$; $f'''(x) = 24x - 12$
	Notwendige Bedingung: $f''(x) = 0$ $\qquad 12x^2 - 12x = 0$
	Ausklammern: $\qquad x(12x - 12) = 0$
	Satz vom Nullprodukt: $\qquad x = 0 \vee 12x - 12 = 0$
	Mögliche Wendestellen: $\qquad x = 0 \vee x = 1$
	Mit $f'''(0) = -12 \neq 0$ und $f(0) = 1$: $\qquad W_1(0 \mid 1)$
	Mit $f'''(1) = 12 \neq 0$ und $f(1) = 0$: $\qquad W_2(1 \mid 0)$

$f(x) = -x^3 + 2x + 4;$
$x \in \mathbb{R}$

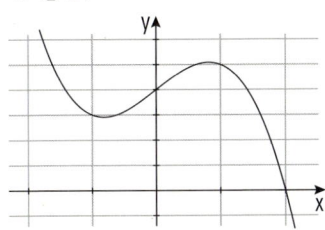

$f(x) = (x + 1)e^{-x};\ x \in \mathbb{R}$

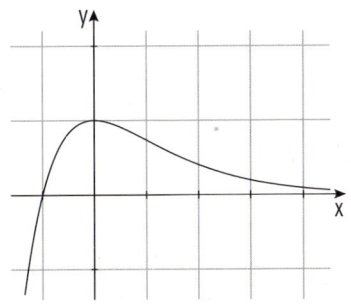

$f(x) = 2\cos(\frac{\pi}{2}x) + 1;$
$x \in [0; 4]$

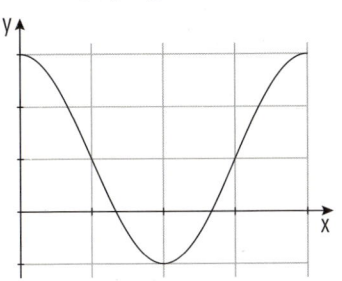

11. Die Abbildung zeigt das Schaubild der 1. Ableitungsfunktion einer Funktion f. Begründen Sie mithilfe der Zeichnung, dass das Schaubild von f einen Hoch-, einen Tief- und einen Wendepunkt mit positiver Steigung besitzt.

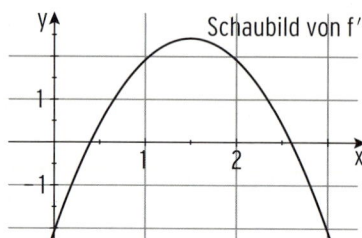

Lösung: _____

_____

_____

12. Gegeben ist die Funktion f. Das Schaubild von f heißt K. Zeigen Sie, W ist Wendepunkt von K. Berechnen Sie die Gleichung der Wendetangente an K in W.

$f(x) = \frac{1}{3}x^3 - x^2 + 2x$; $x \in \mathbb{R}$ $W(1 \mid \frac{4}{3})$	$f'(x) = x^2 - 2x + 2$; $f''(x) = 2x - 2$; $f'''(x) = 2$ W ist Wendepunkt: $f(1) = \frac{1}{3} - 1 + 2 = \frac{4}{3}$; $f''(1) = 0$; $f'''(1) \neq 0$ Tangentengleichung mit $f'(1) = 1$: $y = x + b$ $W(1 \mid \frac{4}{3})$: $\frac{4}{3} = 1 + b \Rightarrow b = \frac{1}{3}$ Tangentengleichung: $y = x + \frac{1}{3}$ 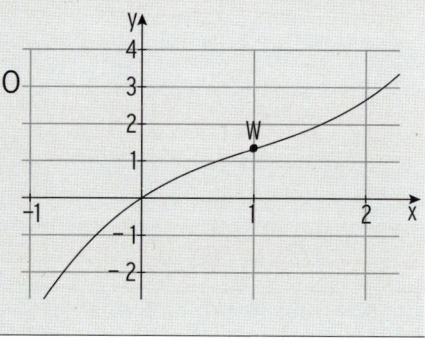
$f(x) = -\frac{1}{4}(x^3 - 6x^2)$; $x \in \mathbb{R}$ W(2 \mid 4)	
$f(x) = 1 + 2\cos(x)$; $x \in \mathbb{R}$ $W(\frac{\pi}{2} \mid 1)$	

13. Gegeben ist das Schaubild K der Funktion f. Tragen Sie die wichtigen Punkte ein und lesen Sie die Koordinaten ab. Bestimmen Sie mithilfe der Abbildung die Bereiche, in denen K von f steigend ist bzw. die Bereiche, in denen K von f rechtsgekrümmt ist.

a)

Wichtige Punkte: _____

_____

steigend für _____

rechtsgekrümmt für _____

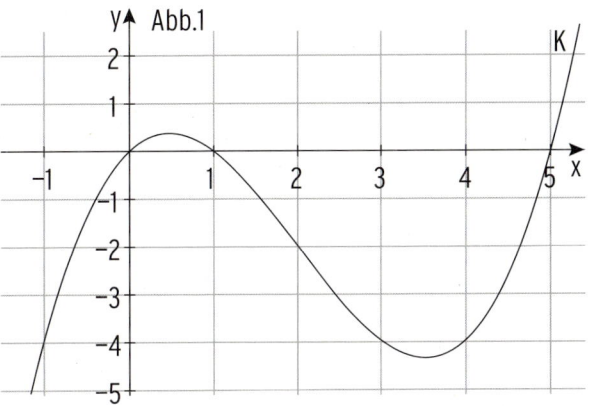

b)

Wichtige Punkte: _____

_____

steigend für _____

rechtsgekrümmt für _____

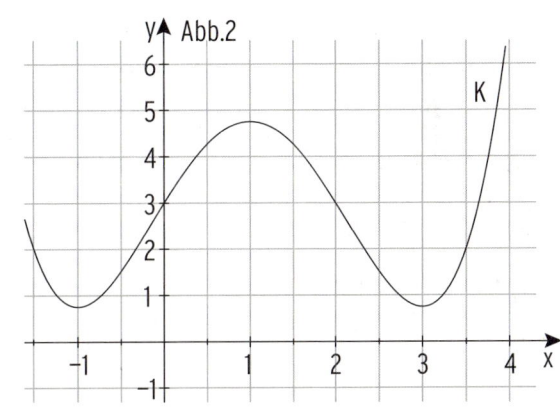

c)

Wichtige Punkte: _____

_____

steigend für _____

rechtsgekrümmt für _____

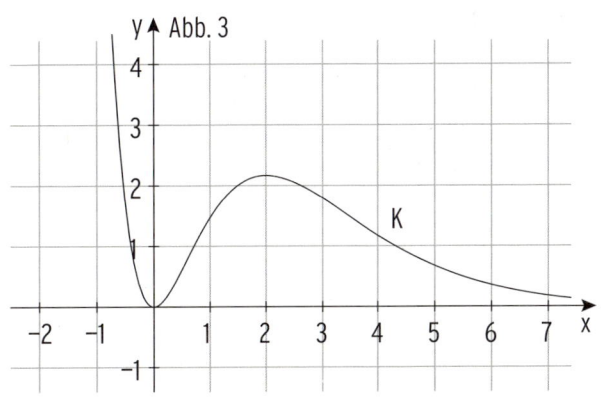

d)

Wichtige Punkte: _____

_____

steigend für _____

rechtsgekrümmt für _____

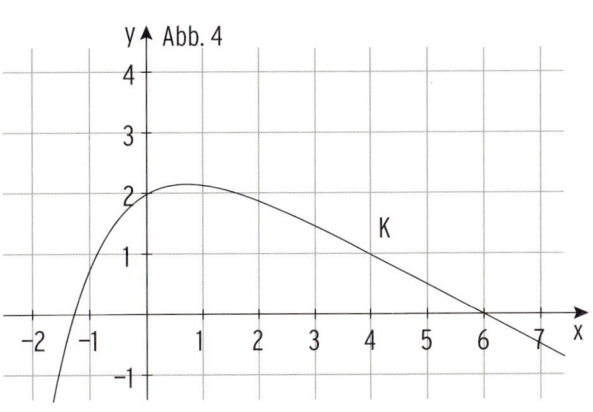

14. Die Abbildungen zeigen Schaubilder von drei Funktionen sowie deren zugehörige erste und zweite Ableitung. Ordnen Sie jeweils dem Schaubild der Funktion das Schaubild ihrer ersten und zweiten Ableitung zu und begründen Sie Ihre Wahl.

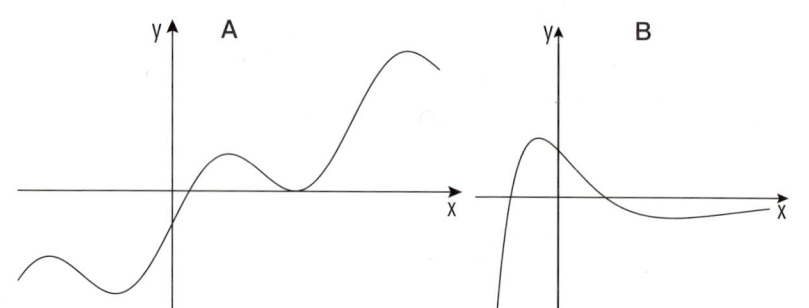 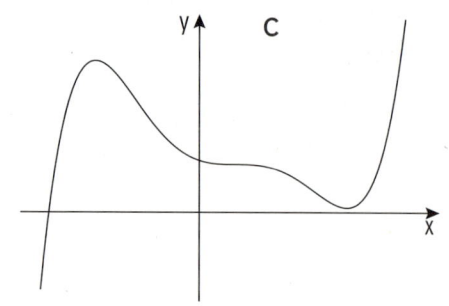

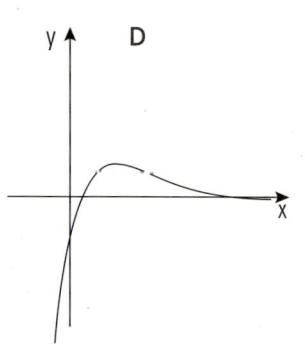 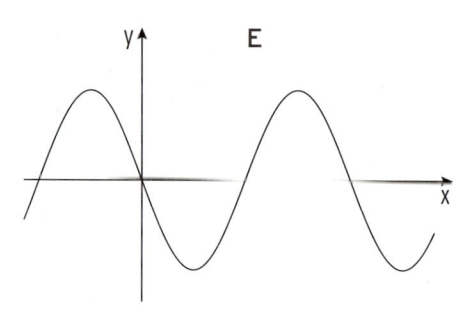 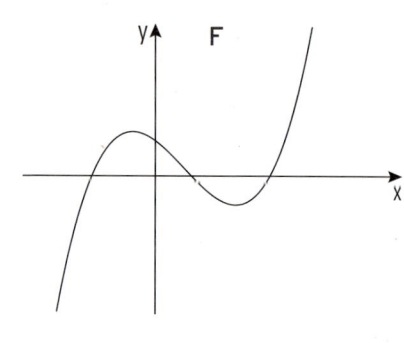

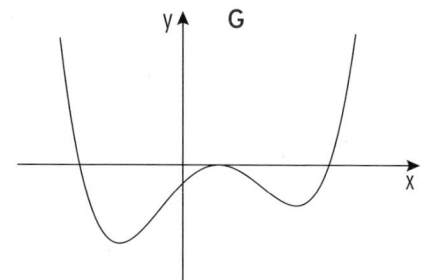 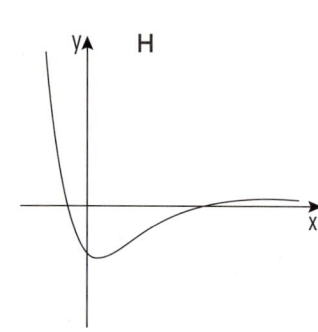 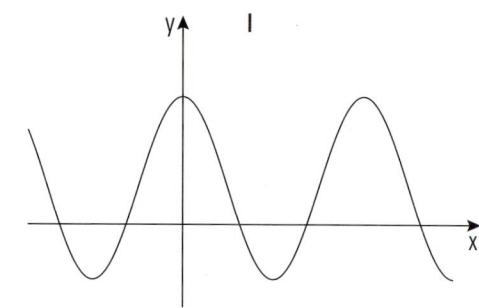

Zuordnung: _____

Begründung: _____

_____

_____

_____

15. Gegeben ist das Schaubild der Ableitungsfunktion f' für $1{,}4 \leq x \leq 3{,}2$.
Die nachfolgenden Aussagen sind entweder
wahr oder falsch. Entscheiden Sie.
Begründen Sie Ihre Entscheidung.

Schaubild von f'

Das Schaubild von f hat genau drei Extrempunkte.	☐ (w) ☐ (f)	
Das Schaubild von f hat genau drei Wendepunkte.	☐ (w) ☐ (f)	
Das Schaubild von f hat einen Sattelpunkt auf der y-Achse.	☐ (w) ☐ (f)	
$f'(x) < 2$	☐ (w) ☐ (f)	
$f'(2{,}5) > 0$	☐ (w) ☐ (f)	
$f''(3) > 0$	☐ (w) ☐ (f)	
Das Schaubild von f ist symmetrisch zur y-Achse.	☐ (w) ☐ (f)	
Das Schaubild von f ist bei $x = -1$ monoton steigend.	☐ (w) ☐ (f)	
$f(2) > f(0)$	☐ (w) ☐ (f)	
Das Schaubild von f ver-läuft in $P(2 \mid f(2))$ steiler als die 1. Winkelhalbierende.	☐ (w) ☐ (f)	

16. Gegeben ist das Schaubild der Funktion f
für x ∈ [− 4; 2].
Die nachfolgenden Aussagen sind entweder
wahr oder falsch. Entscheiden Sie.
Begründen Sie Ihre Entscheidung.

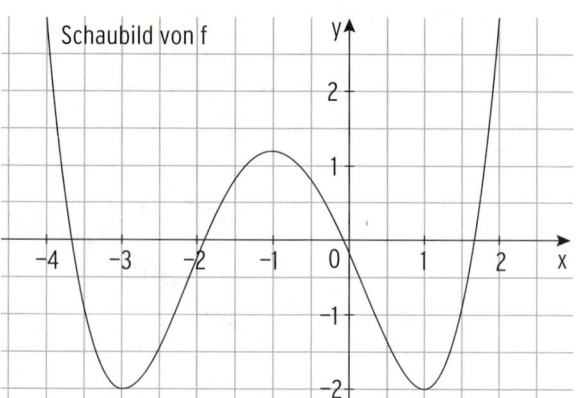

f ' besitzt genau drei Nullstellen.	☐ (w) ☐ (f)	
Das Schaubild von f hat genau einen Wendepunkt.	☐ (w) ☐ (f)	
f' hat eine doppelte Nullstelle.	☐ (w) ☐ (f)	
Das Schaubild von f' verläuft bei x = − 0,5 oberhalb der x-Achse.	☐ (w) ☐ (f)	
f '(− 1,5) > 0	☐ (w) ☐ (f)	
f ''(− 1,5) > 0	☐ (w) ☐ (f)	
Das Schaubild von f' ist symmetrisch zum Ursprung.	☐ (w) ☐ (f)	
f ''(− 1,5) < f ''(1)	☐ (w) ☐ (f)	
Die Tangente an das Schaubild von f an der Stelle x = − 2 hat die Steigung 1.	☐ (w) ☐ (f)	

17. Gegeben ist das Schaubild der Funktion f
sowie das Schaubild der zugehörigen
Ableitungsfunktion f'.
Beide Schaubilder sind hier
unvollständig gezeichnet:

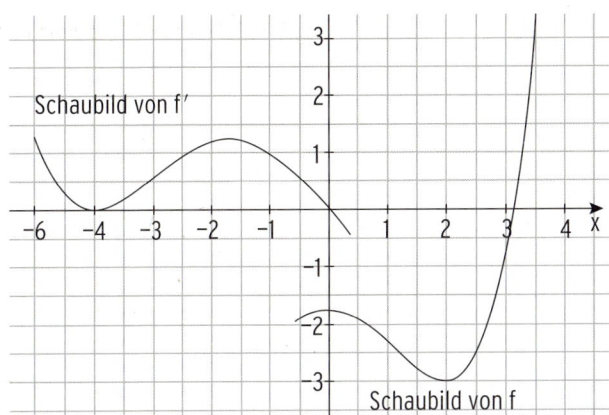

Begründen Sie für jede der folgenden
Aussagen, ob sie wahr oder falsch ist.

x = 2 ist eine Nullstelle von f'.	☐ (w) ☐ (f)	
Das Schaubild von f hat bei x ≈ 1,7 einen Wendepunkt.	☐ (w) ☐ (f)	
Das Schaubild von f hat an der Stelle x = − 4 einen Tiefpunkt.	☐ (w) ☐ (f)	
Das Schaubild von f' geht durch den Punkt P(2,5 | 0,5).	☐ (w) ☐ (f)	

18. Vervollständigen Sie folgende Aussagen.

a) Eine Polynomfunktion 4. Grades hat höchstens _____ Extremstellen, denn ihre
Ableitung ist vom Grad_____ .

b) Die Funktion f mit $f(x) = e^x + x$; $x \in \mathbb{R}$, ist monoton _____ , denn ihre Ableitung
ist stets _____.

c) Die Funktion g mit $g(x) = \cos(\frac{\pi}{2} x)$; $x \in \mathbb{R}$, hat im Intervall [0; 12] _____ Nullstellen,
und diese Funktion hat die Periode _____.

d) Das Schaubild der Funktion h mit $h(x) = 2\cos(x + \frac{\pi}{3})$; $x \in \mathbb{R}$, entsteht aus dem
Schaubild der Funktion f mit $f(x) = \cos(x)$; $x \in \mathbb{R}$, durch Streckung mit dem Faktor
_____ in y-Richtung und durch Verschiebung um_____ nach _____.

4 Bohner, Ott, Rosner, Deusch - ISBN 978-3-8120-1339-0

1.5 Aufstellen von Funktionstermen

1. Formulieren Sie Bedingungen mithilfe des Textes. Das Schaubild von f ...

hat den Hochpunkt H(2 | 3).	f(2) = 3 und f '(2) = 0
hat den Wendepunkt W(− 1 | 6).	
hat den Tiefpunkt T(− 2 | 1).	
berührt die x-Achse an der Stelle x = 5.	
hat an der Stelle x = 1 die Steigung − 4.	
hat einen Extrempunkt an der Stelle $x = \sqrt{2}$.	
hat an der Stelle x = 0 die Tangente mit der Gleichung y = 3x − 4	
verläuft an der Stelle x = − 4 parallel zur 1. Winkelhalbierenden.	
hat an den Stellen x = 1 und x = 3 dieselbe Steigung.	
ist an der Stelle x = 1 rechtsgekrümmt.	

2. Das Schaubild der Funktion p mit $p(x) = ax^4 + cx^2 - \frac{7}{4}$ hat den Tiefpunkt T(2 \| − 3).

   Berechnen Sie die Werte von a und c und geben Sie den Funktionsterm an.

   Ableitung:

   Bedingungen: Lineares Gleichungssystem:

   Lösung des linearen Gleichungssystems:

   Funktionsterm:

3. Kreuzen Sie die für den Graph K von f zutreffende Bedingung an.

P(2 | − 3) liegt auf dem Graph K von f.	☐ f'(2) = − 3	☐ f(2) = − 3
K hat einen Wendepunkt W(− 4 | 1).	☐ f'(− 4) = 1	☐ f''(− 4) = 0
K hat einen Hochpunkt in x = 5.	☐ f'(5) = 0	☐ f''(5) = 1
K hat an der Stelle x = 1 die Steigung 1.	☐ f'(1) = 0	☐ f'(1) = 1
K ist an der Stelle x = 1 linksgekrümmt.	☐ f''(1) = 0	☐ f''(1) >0
In P(− 2 | 5) wechselt K (bzw. f) das Monotonieverhalten.	☐ f(− 2) = 5	☐ f'(− 2) = 0
In x = 1 ist K steigend.	☐ f'(1) > 0	☐ f'(1) = − 2

4. Formulieren Sie zum folgenden Aufschrieb eine geeignete Aufgabenstellung.

$f(x) = ax^3 + bx^2 + cx + d$ Aufgabenstellung:

$f(x) = ax^3 + cx;$ $f'(x) = 3ax^2 + c$ _____

$f(2) = − 3$ $8a + 2c = − 3$ _____

$f'(2) = 0$ $12a + c = 0$ _____

   _____

5. Das Schaubild einer Funktion f mit $f(x) = ae^{bx} + c;\ x \in \mathbb{R}$, hat die waagrechte Asymptote mit der Gleichung y = 3. Der Graph von f schneidet die y-Achse in S(0 I 1) mit Steigung 2.

   Ableitung:

   Bedingungen: Gleichungssystem:

   Lösung des Gleichungssystems:

   Funktionsterm:

6. Eine Funktion f hat folgende Eigenschaften:

   (1) $f(2) = 1$

   (2) $f'(2) = 0$

   (3) $f''(4) = 0$ und $f'''(4) \neq 0$

   (4) Für $x \rightarrow \infty$ und $x \rightarrow -\infty$ gilt: $f(x) \rightarrow 5$

   Beschreiben Sie für jede dieser vier Eigenschaften, welche Bedeutung sie für den Graphen von f hat. Skizzieren Sie einen möglichen Verlauf des Graphen.

   Lösung:

   Skizze:

   (1) _____

   (2) _____

   (3) _____

   (4) _____

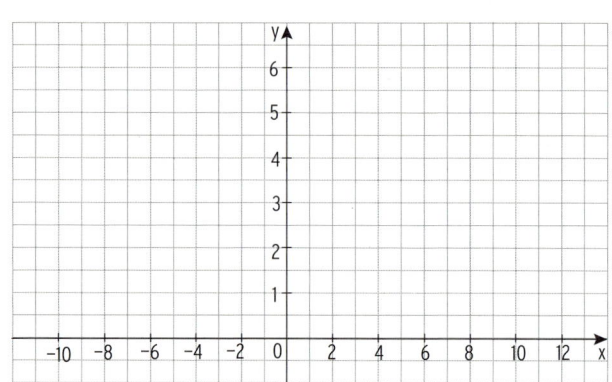

7. Bestimmen Sie den Funktionsterm mithilfe der Abbildung.

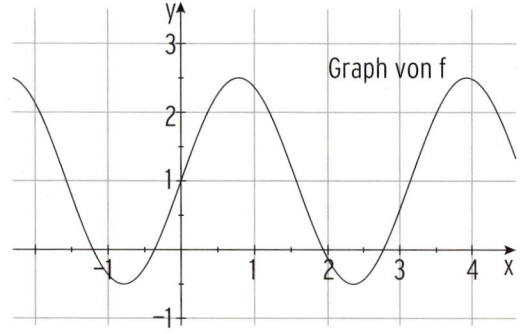
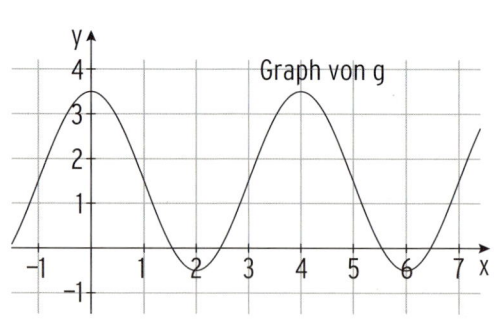

Ansatz: $f(x) = a\sin(bx) + d$

Amplitude: _____

Periode: _____

_____

Mittellinie: _____

Funktionsterm: _____

Ansatz: $g(x) = a\cos(bx) + d$

Amplitude: _____

Periode: _____

_____

Mittellinie: _____

Funktionsterm: _____

8. Eine der folgenden Abbildungen gehört zum Schaubild der Funktion f
   mit f(x) = x(x − b)(x − 2b); x ∈ ℝ.
   Bestimmen Sie den entsprechenden Wert für b und begründen Sie, dass die beiden
   anderen Abbildungen nicht zu einem Schaubild von f gehören können.

A
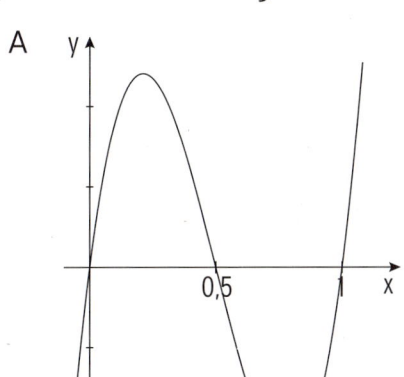

B
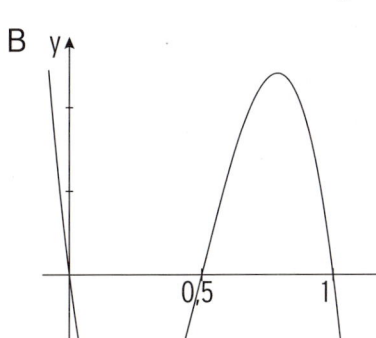

C
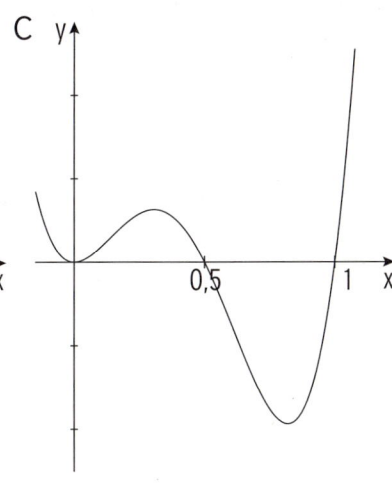

Lösung: b = _____

Begründung: _____

9. Bei der Überprüfung der Kosten- und Gewinnsituation erhält die Buchhaltung folgende
   Angaben: Die Gesamtkosten lassen sich beschreiben durch die Funktion K mit
   $K(x) = x^3 − 6x^2 + cx + d$, wobei x die produzierte Menge in Mengeneinheiten (ME) bezeichnet. Bei einer Produktionsmenge von 4 ME betragen die Stückkosten 10 Geldeinheiten (GE) und der momentane Kostenzuwachs liegt bei 15 GE/ME.

   Ermitteln Sie eine Polynomfunktion dritten Grades, die den Zusammenhang zwischen
   Produktionsmenge und Gesamtkostenfunktion beschreibt.

   Lösung

   Bedingungen: Lineares Gleichungssystem:

   Lösung des linearen Gleichungssystems:

   Funktionsterm:

10. Die in der Abbildung dargestellten Punkte P_1, P_2, P_3, P_4 und P_5 haben ganzzahlige Koordinaten.

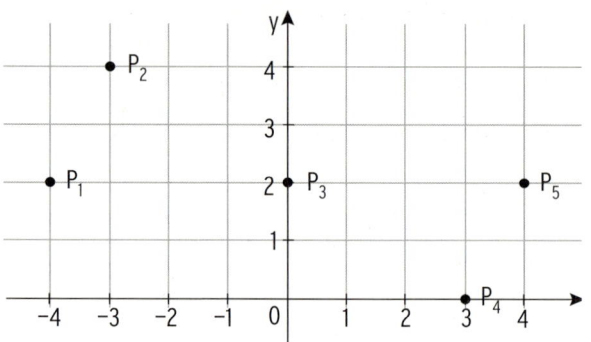

Begründen Sie, dass man durch die Punkte sowohl das Schaubild einer Polynomfunktion dritten Grades als auch das Schaubild einer trigonometrischen Funktion legen kann und geben Sie jeweils einen Funktionsterm an.

Begründung: _____

_____

_____

_____

Funktionsterme: _____

11. Die unten stehende Wertetabelle gehört zu einer ganzrationalen Funktion g.

x	-2	-1	0	1	2	3	4
g(x)	-4	0	-2	-4	0	16	50
g'(x)	9	0	-3	0	9	24	45
g''(x)	-12	-6	0	3	6	18	24

Das zugehörige Schaubild K besitzt _____ die gemeinsamen Punkte mit der x-Achse:

Skizze des zugehörigen Schaubilds:

_____

den Schnittpunkt mit der y-Achse: _____

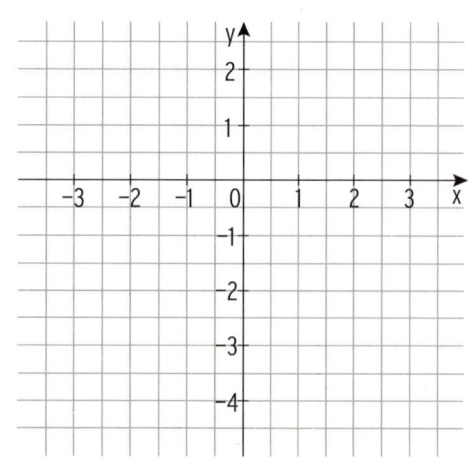

den Hochpunkt: _____

den Tiefpunkt: _____

den Wendepunkt: _____

Die Funktion muss mindestens den Grad _____ haben, da _____ .

1.6 Modellierung

1. Eine heisse Pizza wird aus dem Ofen genommen und auf einen Teller gelegt. Die Tabelle enthält die Temperatur der Pizza zu verschiedenen Zeitpunkten.

Zeit t (in min)	0	5	10	15	20	25	30
Temperatur in °C	175	82,8	46,4	31,1	25,1	21,8	20,7

a) Stellen Sie den Abkühlungsprozess im Koordinatensystem dar.

b) Berechnen Sie die mittlere Änderungsrate in den ersten 5 Minuten.

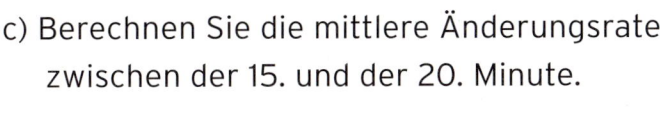

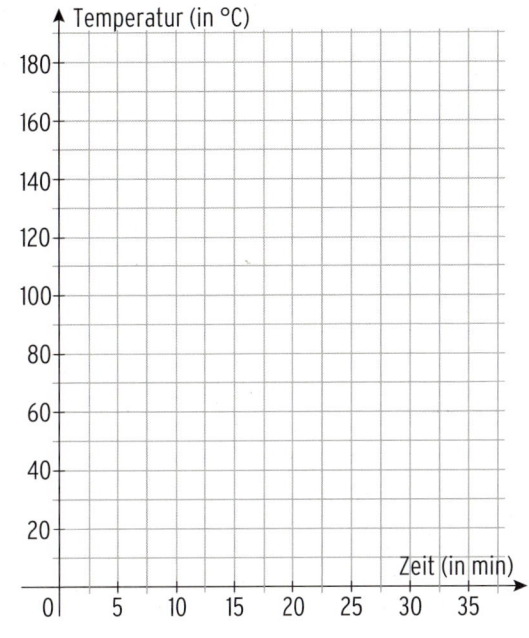

c) Berechnen Sie die mittlere Änderungsrate zwischen der 15. und der 20. Minute.

d) Die mittlere Änderungsrate ist negativ, da

_____ .

e) Begründen Sie anhand der obigen Wertetabelle, dass der Vorgang nicht durch eine Funktion f mit $f(t) = a \cdot e^{kt}$ bzw. $f(t) = a \cdot b^t$ modelliert werden kann.

Begründung durch Rechnung: Die prozentuale Temperaturverringerung beträgt in den ersten 5 Minuten _____ % pro Minute und

von der 15. bis zur 20. Minute _____ % pro Minute.

Da dieser Wert nicht _____ ist, kann der Prozess nicht durch einen solchen Funktionsterm modelliert werden.

Begründung durch Argumentation: Ein solcher Funktionsterm ist zur Modellierung ungeeignet, da die x-Achse _____ ist und sich

die Temperatur somit langfristig dem Wert ___°C annähern würde, was unrealistisch ist.

f) Nehmen Sie eine Zimmertemperatur von 20 °C an und ermitteln Sie einen geeigneten Funktionsterm durch Regression. Da der WTR durch Regression nur einen Funktionsterm der Form $f(t) = a \cdot e^{kt}$ bzw. $f(t) = a \cdot b^t$ ermitteln kann, müssen bei der Eingabe alle Temperaturwerte um 20°C vermindert werden.

Insgesamt erhält man: f(t) = _____ + 20.

1. g) Lisa behauptet: „Die Pizza kühlt nicht mehr als 25 ° C pro Minute ab". Bestätigen oder widerlegen Sie diese Behauptung rechnerisch, anhand der Funktion f .

   Die stärkste Abkühlung findet zwischen t = ___ und t = ___ statt.
   Hier beträgt die Abkühlung: _____ .

   Somit ist die Behauptung _____ .

   h) Beurteilen Sie die Modellierung des Abkühlungsprozesses durch die Funktion f.

   _____

   _____

   _____

2. Ordnen Sie durch Pfeile zu.

Bedeutung von f(x)			Bedeutung von f'(x)
Tankinhalt	☐	☐	Zufluss- bzw. Abfluss- geschwindigkeit
Höhe einer Pflanze	☐	☐	Grenzkosten
Wassermenge in der Badewanne	☐	☐	Momentaner Krafstoffverbrauch
Produktionskosten	☐	☐	Momentane Stromstärke
Vorhandene Ladung	☐	☐	Wachstumsgeschwindigkeit
Gesamtabsatz	☐	☐	Absatzzahlen pro Woche
Anzahl der vorhandenen Atome	☐	☐	Leistung
Energie	☐	☐	Zerfallsrate
Gefahrene Strecke	☐	☐	Geschwindigkeit

3. Ein Zug fährt ab. Innerhalb der ersten 60 Sekunden kann die zurückgelegte Strecke s (in m) in Abhängigkeit von der Zeit t (in s) durch die Funktion s mit $s = \frac{1}{4}t^2$ dargestellt werden.

a) Stellen Sie den Vorgang im Koordinaten-system dar.

b) Berechnen Sie die mittlere Änderungsrate von s in den ersten 2 Sekunden und in den nächsten 2 Sekunden.

_____

_____

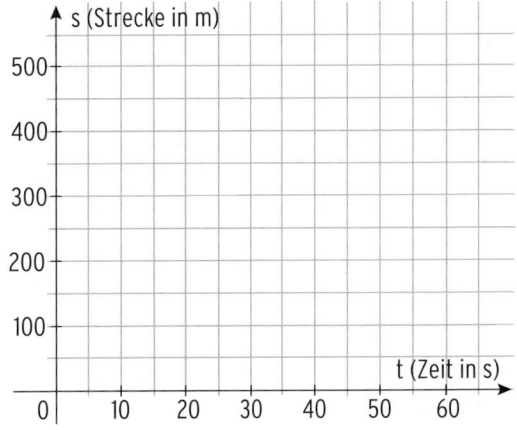

c) Die mittlere Änderungsrate von s gibt die durchschnittliche_____ des Zuges im entsprechenden Zeitraum an.

Die mittlere Änderungsrate

☐ steigt

☐ fällt

, somit _____.

d) Berechnen Sie die momentane Geschwindigkeit des Zuges nach 20 s (näherungsweise), mithilfe der mittleren Änderungsrate im Intervall [19,9; 20,1]:

_____.

e) Berechnen Sie die momentane Geschwindigkeit des Zuges nach 20 s mit Hilfe der Ableitungsfunktion. Es gilt _____

und somit _____.

f) Stellen Sie die Entwicklung der momentanen Geschwindigkeit des Zuges im Koordinaten-system dar.

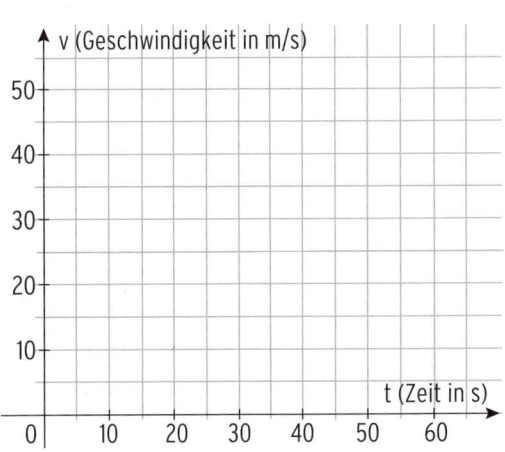

5 Bohner, Ott, Rosner, Deusch - ISBN 978-3-8120-1339-0

4. Die Länge des Tages, d. h. die Zeit zwischen dem Sonnenaufgang und dem Sonnenuntergang, verändert sich im Laufe des Tages. Die Tageslänge lässt sich an vielen Orten näherungsweise durch folgenden Funktionsterm beschreiben:

$$f(t) = a \cdot \sin(\frac{2\pi}{360}(t - b)) + c.$$

In Flensburg dauert der längste Tag 17 Stunden und 19 Minuten, der kürzeste Tag 7 Stunden und 13 Minuten. Am 10. April beträgt dort die Tageslänge 13 Stunden und 50 Minuten.

Zeigen Sie, dass die Funktion f mit $f(t) = 5,05 \cdot \sin(\frac{2\pi}{360}(x - 81,76)) + 12,27$ die Tageslänge für Flensburg beschreibt.

Lösung: _____

_____

_____.

5. Entscheiden Sie, ob die Funktion (üblicherweise) monoton wachsend oder monoton fallend ist, oder, ob diese keine Monotonie aufweist.

Beschreibung der Funktion	steigend	fallend	keine Monotonie
Gesamte verbrauchte Benzinmenge in Abhängigkeit der gefahrenen Strecke.	☐	☐	☐
Temperatur einer Pizza nach Entnahme aus dem Ofen.	☐	☐	☐
Luftdruck in Abhängigkeit der Höhe über dem Erdboden.	☐	☐	☐
Geschwindigkeit beim Beschleunigungsrennen.	☐	☐	☐
Gemessene Außentemperatur im Laufe eines Tages.	☐	☐	☐
Wasserstand in einer Badewanne, während diese befüllt wird.	☐	☐	☐
Wasserdruck in Abhängigkeit von der Wassertiefe.	☐	☐	☐
Menge des vorhandenen Taschengeldes seit Monatsbeginn.	☐	☐	☐

Extremwertaufgaben

6. Aus einem Werkstück soll ein Rechteck heraus gefräst werden. Die Berandung des Werkstücks wird beschrieben durch die Funktion f mit $f(x) = -0{,}5x^2 + 2$; $-2 \leq x \leq 2$ (siehe Abbildung).

Zwei Ecken liegen jeweils auf der x-Achse und auf dem Schaubild K von f.
Welches Rechteck hat den größtmöglichen Flächeninhalt?

Lösung

Wir wählen den Eckpunkt $P(a \mid -0{,}5a^2 + 2)$ auf K für $0 \leq a \leq 2$.

Zielfunktion:

$$A(a) = 2a \cdot f(a) = 2a \cdot (-0{,}5a^2 + 2)$$

$$A(a) = -a^3 + 4a; \quad D = [0; 2]$$

Untersuchung von A auf ein Maximum

Ableitungen:

$$A'(a) = -3a^2 + 4$$

$$A''(a) = -6a$$

Notwendige Bedingung: $A'(a) = 0$

$$-3a^2 + 4 = 0$$

$$a^2 = \frac{4}{3}$$

Mit $a > 0$: $\quad a = 1{,}15$

Nachweis: $\quad A''(1{,}15) < 0$

A hat ein relatives Maximum für $a = 1{,}15$.

Relatives Maximum: $\quad A_{max} = A(1{,}15) = 3{,}08$

Randwerte

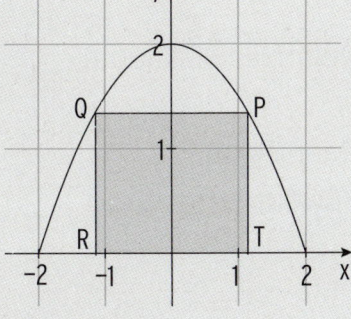

Für die Randstellen $a = 0$ und $a = 2$ gilt: $\quad A(0) = 0 < A(1{,}15)$

$$A(2) = 0 < A(1{,}15)$$

Ergebnis:

Das Rechteck mit den Punkten $P(1{,}15 \mid 1{,}34)$, $Q(-1{,}15 \mid 1{,}34)$, $R(-1{,}15 \mid 0)$

und $T(1{,}15 \mid 0)$ hat den größten Flächeninhalt.

7. Ein Geländeverlauf wird beschrieben durch die Funktion f mit

   $f(x) = \frac{1}{16}x^3 - \frac{1}{2}x^2 + x$; $0 \le x \le 8$ (siehe Abbildung).

   Ein Seil soll vom Ursprung zum Punkt P(8 | 8)
   gespannt werden.
   Bestimmen Sie den größtmöglichen senkrechten
   Abstand des Seils zum Gelände.

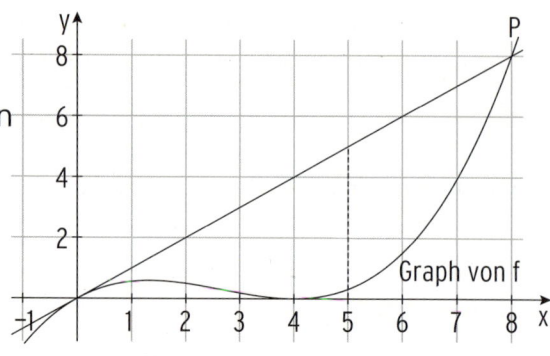

Lösung

Wir wählen _____

Zielfunktion mit Definitionsbereich: _____

_____

Untersuchung der Zielfunktion auf ein Maximum

Ableitungen: _____

Notwendige Bedingung: _____

_____

Nachweis: _____

_____ hat ein relatives Maximum für _____.

Relatives Maximum: _____

Randwerte
Für die Randstellen _____ gilt: _____

Ergebnis: _____

_____

2 Integralrechnung

2.1 Aufleiten und Stammfunktion

1 Ein Mitschüler versteht nicht, weshalb eine Funktion mehrere Stammfunktionen besitzt.

   a) Erklären Sie anhand der Ableitungsregeln.

   b) Erklären Sie graphisch, anhand von Schaubildern.

   Skizzieren Sie hierfür die Schaubilder von

   F_1 mit $F_1(x) = \frac{1}{2}x^2$

   F_2 mit $F_2(x) = \frac{1}{2}x^2 + 2$

   F_3 mit $F_3(x) = \frac{1}{2}x^2 - 1$

   f mit $f(x) = x$

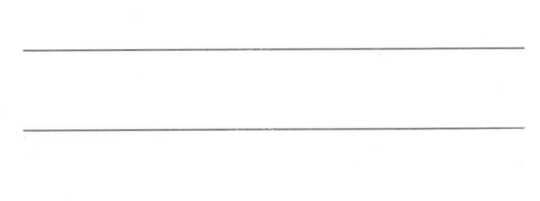

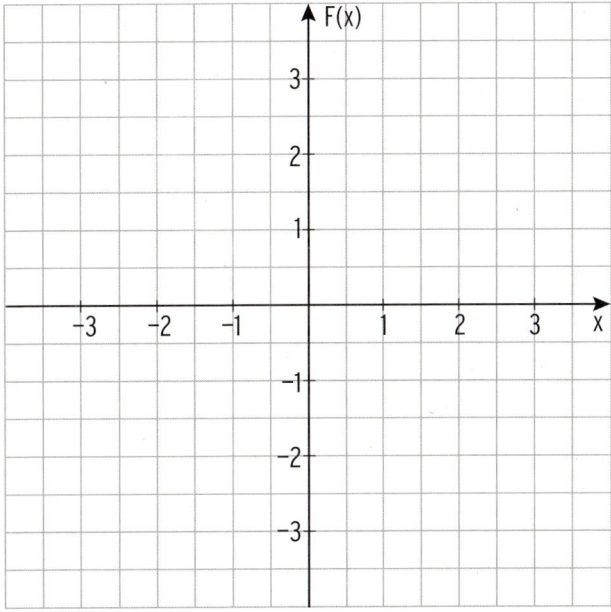

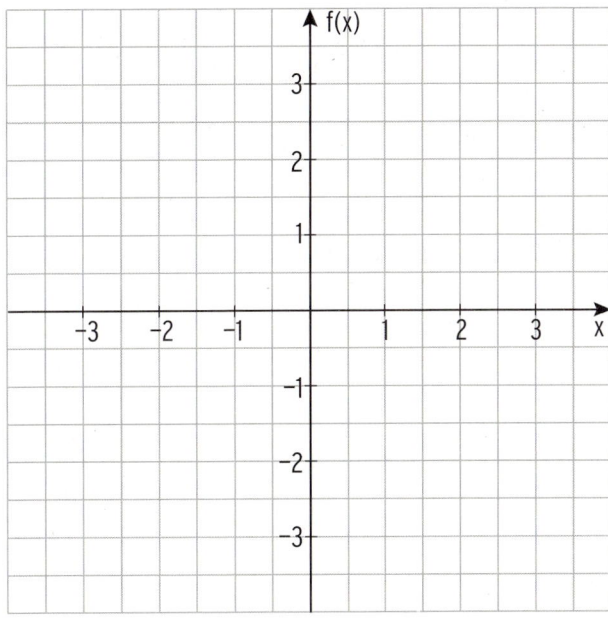

2. Bilden Sie eine Stammfunktion.

$f(x) = 2\cos(3x) + 1$	$F(x) = \frac{2}{3}\sin(3x) + x + c$
$f(x) = -3\sin(\frac{x}{2}) - x$	$F(x) =$
$f(x) = \frac{1}{4}x^3 + x^4 + 3$	$F(x) =$
$f(x) = \frac{1}{32}x^3 + x^2 + x - 4$	$F(x) =$
$f(x) = 5e^{2x} + 2x - 1$	$F(x) =$
$f(x) = ae^{-3x} + b$	$F(x) =$
$f(x) = \frac{3}{5}(x^3 - 2x^4)$	$F(x) =$
$f(x) = 4x - 1 - 4e^{1-2x}$	$F(x) =$

3. Bilden Sie eine Stammfunktion mit F(a) = b.

$f(x) = 4\sin(\pi x)$; $F(1) = 2$	$F(x) = -\frac{4}{\pi}\cos(\pi x) + c$; $F(1) = \frac{4}{\pi} + c = 2 \Rightarrow c = 2 - \frac{4}{\pi}$ $F(x) = -\frac{4}{\pi}\cos(\pi x) + 2 - \frac{4}{\pi}$
$f(x) = -\frac{4}{3}\sin(\frac{x}{2}) - 3$; $F(\pi) = 0$	$F(x) =$ $F(x) =$
$f(x) = -\frac{1}{32}x^3 + x^2 + 3x$; $F(1) = 0$	$F(x) =$ $F(x) =$
$f(x) = \frac{1}{2}(x^2 + 6x - 1)$; $F(-1) = 1$	$F(x) =$ $F(x) =$
$f(x) = 0,2e^{2x+1} + 2,25$; $F(0) = 4$	$F(x) =$ $F(x) =$
$f(x) = 2a(e^{4-4x} + 1)$; $F(1) = 0$	$F(x) =$ $F(x) =$
$f(x) = \frac{4}{5}(x^5 - 2x^4)$; $F(-2) = 3$	$F(x) =$ $F(x) =$
$f(x) = \frac{4x}{3} - \frac{x^3}{12} - e^{\ln(2)x}$; $F(1) = 6$	$F(x) =$ $F(x) =$

4. Entscheiden Sie, ob hier richtig oder falsch aufgeleitet wurde. Beschreiben Sie gegebenenfalls kurz, worin der Fehler besteht.

Funktion f Stammfunktion F	richtig (r) falsch (f)	richtig wäre ...	Was wurde nicht beachtet?
$f(x) = 2x^3 - 4x^2$ $F(x) = 2x^4 - 4x^3$	☐ (r) ☒ (f)	$F(x) = \frac{1}{2}x^4 - \frac{4}{3}x^3$	$g(x) = x^3 \Rightarrow G(x) = \frac{1}{4}x^4$ $h(x) = x^2 \Rightarrow H(x) = \frac{1}{3}x^3$
$f(x) = 1 + x$ $F(x) = \frac{1}{2}x^2 + x + 2$	☐ (r) ☐ (f)	$F(x) =$	
$f(x) = e^{3x-2}$ $F(x) = \frac{1}{3}e^{3x}$	☐ (r) ☐ (f)	$F(x) =$	
$f(x) = 2\sin(2x)$ $F(x) = \cos(2x)$	☐ (r) ☐ (f)	$F(x) =$	
$f(x) = e^{2x} \cdot (2x + 1)$ $F(x) = e^{2x} \cdot x$	☐ (r) ☐ (f)	$F(x) =$	
$f(x) = 2 - \cos(\pi x + 1)$ $F(x) = \sin(\pi x + 1)$	☐ (r) ☐ (f)	$F(x) =$	
$f(x) = \frac{1}{x^2}$ $F(x) = \frac{3}{x^3}$	☐ (r) ☐ (f)	$F(x) =$	
$f(x) = -\frac{5}{2}(x^3 - 3x^2)$ $F(x) = -\frac{5}{2}(\frac{1}{4}x^4 - x^3)$	☐ (r) ☐ (f)	$F(x) =$	
$f(x) = (2x - 1)^3$ $F(x) = \frac{1}{4}(2x - 1)^4$	☐ (r) ☐ (f)	$F(x) =$	
$f(x) = 2x(2x + 5)$ $F(x) = x^2(x^2 + 5x)$	☐ (r) ☐ (f)	$F(x) =$	

2.2 Grafisches Aufleiten

1. Skizzieren Sie das Schaubild einer Stammfunktion F von f.

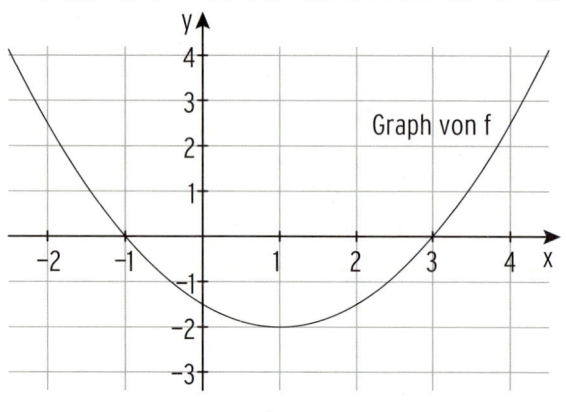

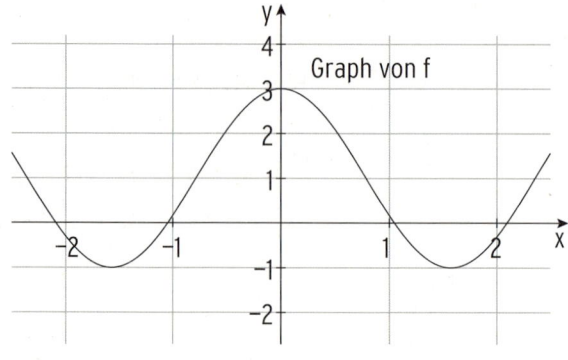

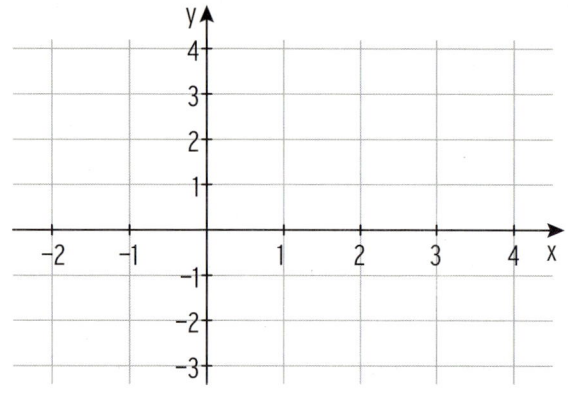

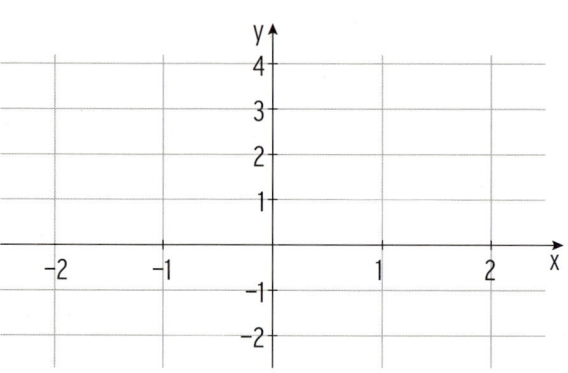

2. Skizzieren Sie das Schaubild einer Stammfunktion F von f

   a) durch den Ursprung.

   b) durch P(0 I 1)

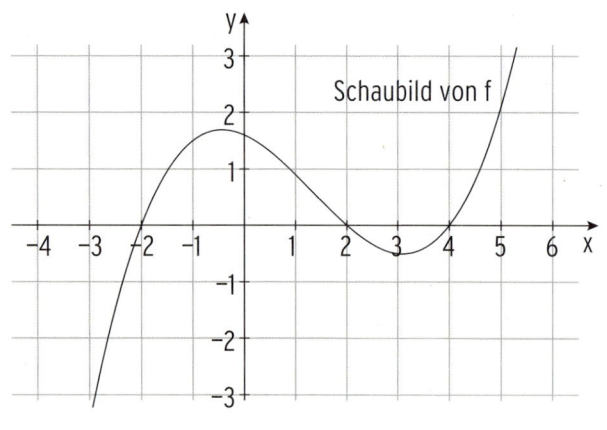

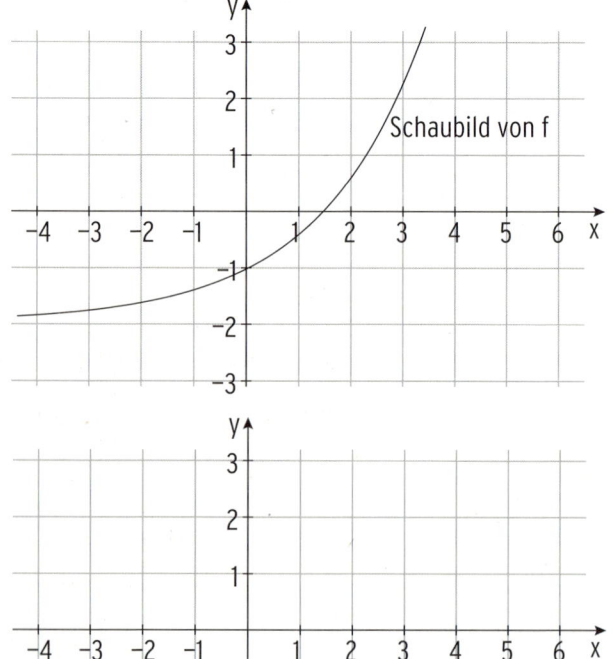

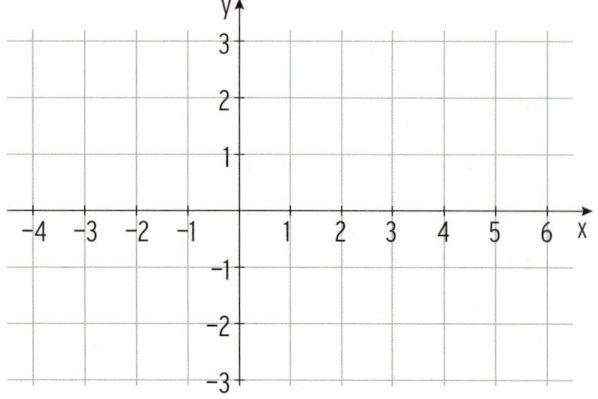

3. Gegeben ist das Schaubild der Funktion f . Zeichnen Sie das Schaubild ihrer Ableitungsfunktion f′ und das Schaubild einer Stammfunktion F von f.

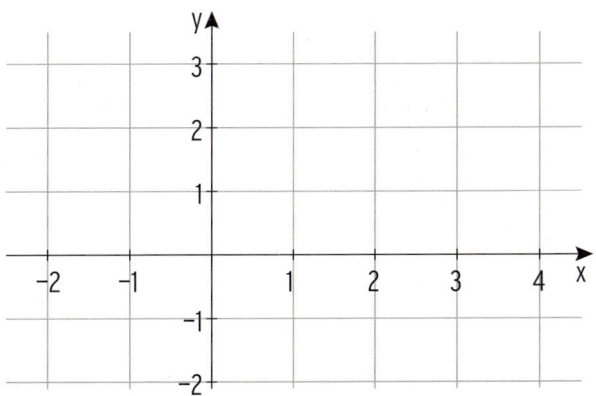

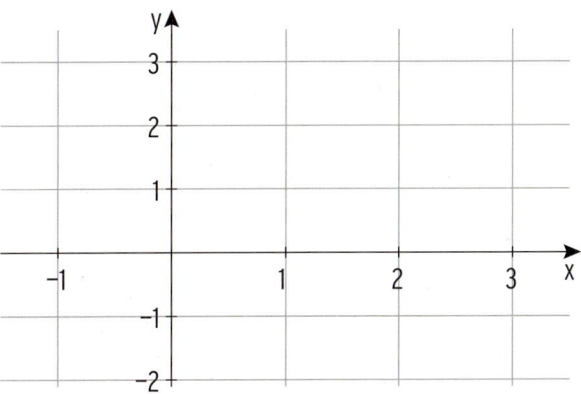

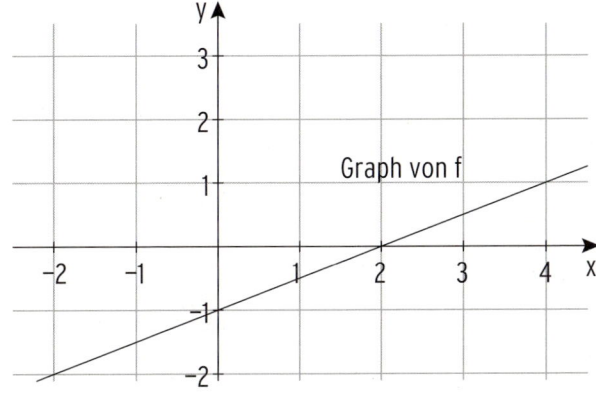

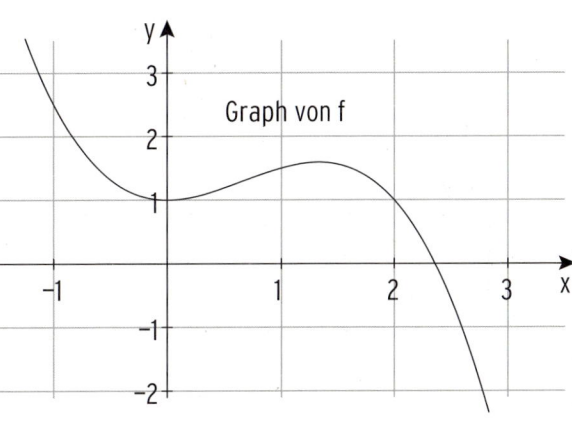

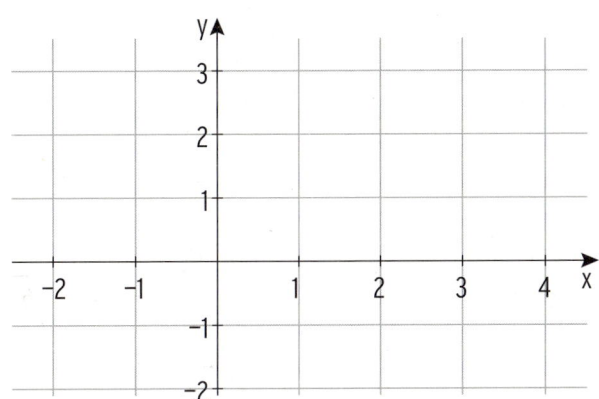

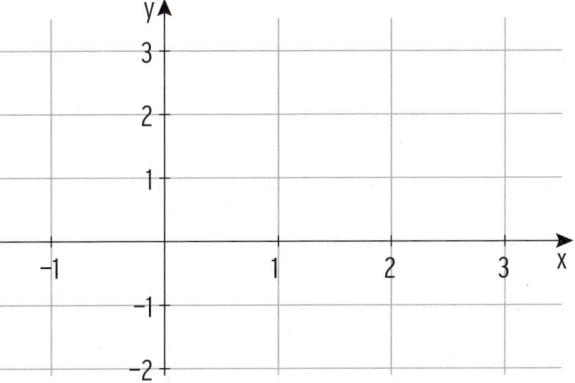

6 Bohner, Ott, Rosner, Deusch - ISBN 978-3-8120-1339-0

4. Gegeben ist das Schaubild der Funktion f . Skizzieren Sie das Schaubild ihrer Ableitungsfunktion f' und das Schaubild einer Stammfunktion F von f.

a)

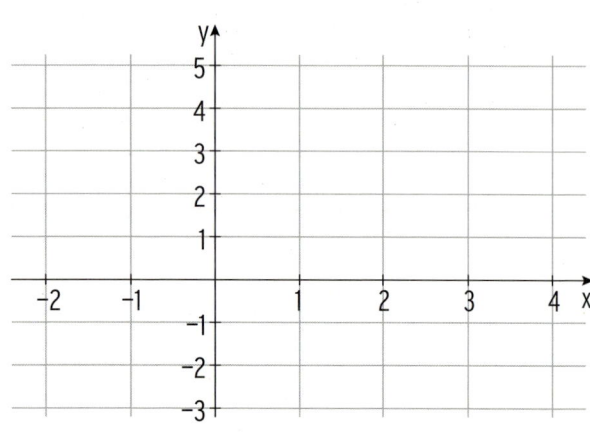

Graph von f

b)

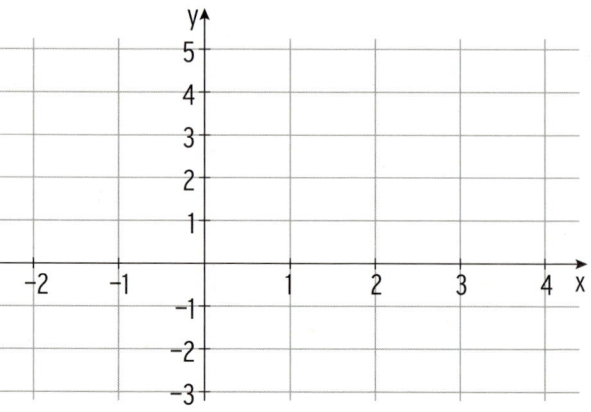

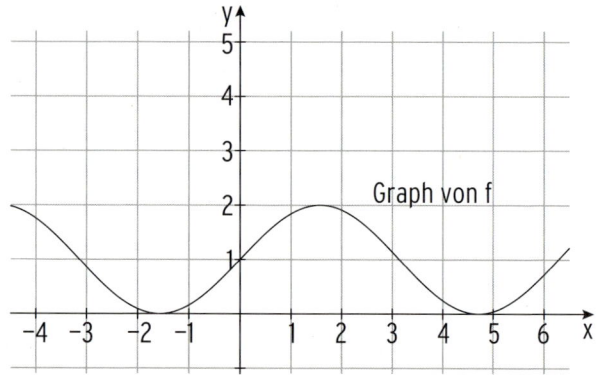

Graph von f

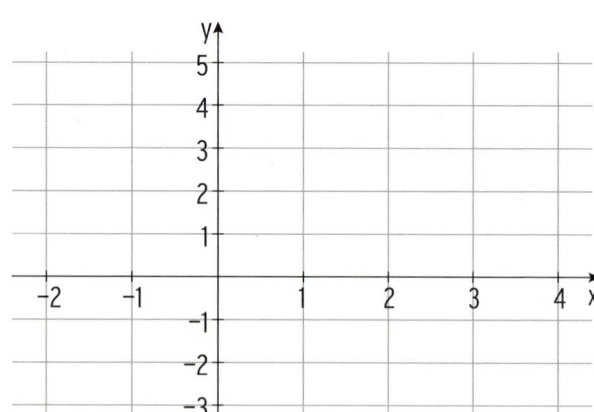

5. Die Abbildung zeigt den Graphen der Ableitungsfunktion h′ einer Funktion h. Entscheiden Sie, welche der folgenden Aussagen wahr sind oder welche falsch sind. Begründen Sie Ihre Entscheidungen.

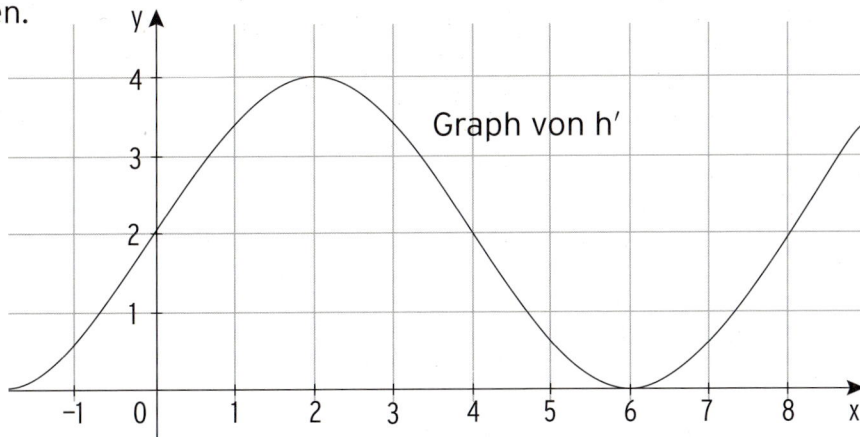

Graph von h′

Die Funktion h hat bei $x = 6$ eine Extremstelle.	☐ (w) ☐ (f)	
Die Tangente an den Graphen von h im Schnittpunkt mit der y-Achse ist parallel zur ersten Winkelhalbierenden.	☐ (w) ☐ (f)	
Der Graph von h ist auf [0; 1,8] linksgekrümmt.	☐ (w) ☐ (f)	
h ist monoton wachsend für $2 < x < 8$	☐ (w) ☐ (f)	
$h(0) > h(5)$	☐ (w) ☐ (f)	
Der Graph von h hat auf [0; 7] zwei Wendepunkte.	☐ (w) ☐ (f)	
Der Graph einer Stammfunktion von h ist für alle $x \in [-1; 5]$ linksgekrümmt.	☐ (w) ☐ (f)	

6. Gegeben sind Ausschnitte von Schaubildern der Funktion f mit $f(x) = x^2 e^x$, $x \in \mathbb{R}$, ihrer Ableitungsfunktion f', einer Stammfunktion F von f und der Funktion g mit $g(x) = f(-x)$.

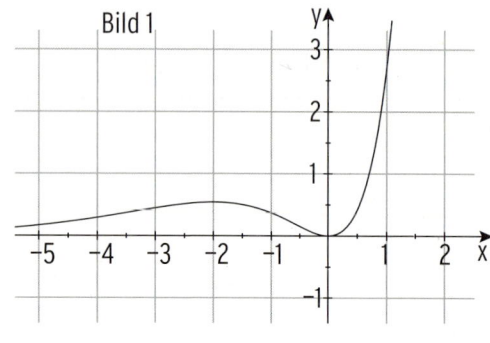

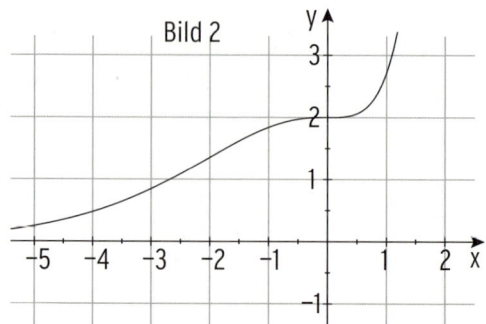

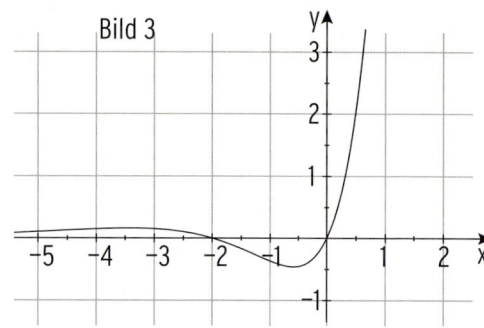

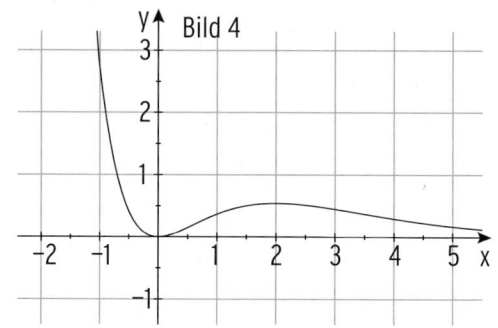

a) Begründen Sie, dass nur Bild 1 das Schaubild der Funktion f sein kann.

_____

_____

b) Ordnen Sie die Funktionen f', F und g den übrigen Schaubildern zu und begründen Sie Ihre Entscheidung.

Zuordnung: _____

Begründung: _____

_____

2.3 Bestimmtes Integral

1. Berechnen Sie das bestimmte Integral.

$\int_1^0 (e^{0,5x} + 1)dx$	$\int_1^0 (e^{0,5x} + 1)dx = \left[2e^{0,5x} + x\right]_1^0$ $= 2 - (2e^{0,5} + 1) = 1 - 2e^{0,5}$
$\int_0^{\frac{1}{2}\pi} (4\cos(2x))dx$	
$\int_{-1}^0 (e^{-0,25x} - 2)dx$	
$\int_{-1}^3 (x^2 - 3x)dx$	
$\int_{-1}^1 (x^3 - 2x)dx$	
$\int_{-2}^2 (x^4 + 3x^2 + 1)dx$	

2. Wo liegt der Fehler?

$\int_1^0 (e^{0,1x} - 1)dx = \left[0,1e^{0,1x} - x\right]_1^0$ $= (0,1e^{0,1} - 1) - 0,1$ $= 0,1e^{0,1} - 1,1$	Stammfunktion falsch Richtig: $F(x) = 10e^{0,1x} - x$ Einsetzen in falscher Reihenfolge Richtig: $F(0) - F(1)$
$\int_0^{\frac{1}{2}\pi} (3\sin(2x) + 1)dx = \left[\frac{3}{2}\cos(2x)\right]_0^{\frac{1}{2}\pi}$ $= \frac{3}{2}\cos(\pi) - \frac{3}{2}\cos(2)$ $= \frac{3}{2} - \frac{3}{2}\cos(2)$	
$\int_{-1}^1 (5x^4 - 4x^3 - 2)dx = \left[x^5 + x^4 - 2x\right]_{-1}^1$ $= -1 + 1 + 2 - 0$ $= 2$	

2.4 Flächeninhaltsberechnungen

1. Das Schaubild von f begrenzt mit der x-Achse eine Fläche. Berechnen Sie den Inhalt.

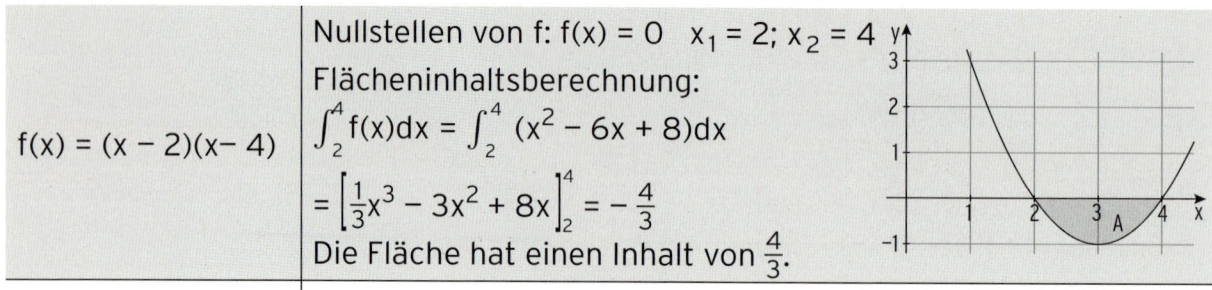

$f(x) = (x - 2)(x - 4)$	Nullstellen von f: $f(x) = 0$ $x_1 = 2$; $x_2 = 4$ Flächeninhaltsberechnung: $\int_2^4 f(x)dx = \int_2^4 (x^2 - 6x + 8)dx$ $= \left[\frac{1}{3}x^3 - 3x^2 + 8x\right]_2^4 = -\frac{4}{3}$ Die Fläche hat einen Inhalt von $\frac{4}{3}$.
$f(x) = -x^2(x - 4)$	
$f(x) = x^4 - 2x^2$	

2. Das Schaubild von f begrenzt mit der x-Achse auf [a; b] eine Fläche. Berechnen Sie den Inhalt.

$f(x) = 3\sin(2x);$ $x \in [0; 2]$	f hat die Nullstellen 0 und $\frac{\pi}{2}$. Flächeninhaltsberechnung: $\int_0^{0,5\pi} f(x)dx = \left[-\frac{3}{2}\cos(2x)\right]_0^{0,5\pi} = \frac{3}{2} + \frac{3}{2} = 3$ $\int_{0,5\pi}^2 f(x)dx = F(2) - F(0,5\pi) = 0,98 - \frac{3}{2}$ $= -0,52$ $A = 3,52$
$f(x) = \cos(x - 2);$ $x \in [0; 3]$	
$f(x) = e^{x-2} - 4;$ $x \in [0; 2]$	

3. f hat die gegebenen Nullstellen. Berechnen Sie den Inhalt der markierten Fläche.

$f(x) = -x^3 - x^2 + 3x + 3$;
$x_1 = -1{,}73$; $x_2 = -1$; $x_3 = 1{,}73$

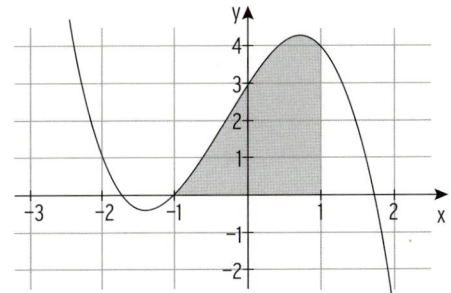

$f(x) = 1 + \cos(2x)$; $x_{1|2} = \pm\frac{\pi}{2}$

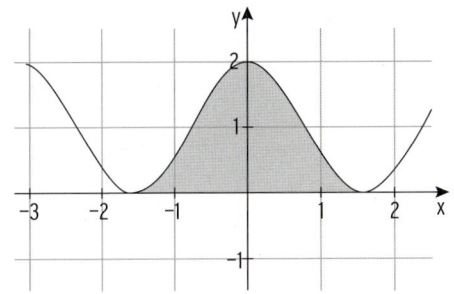

$f(x) = e^{0{,}5x} - 3$; $x_1 = 2\ln(3)$

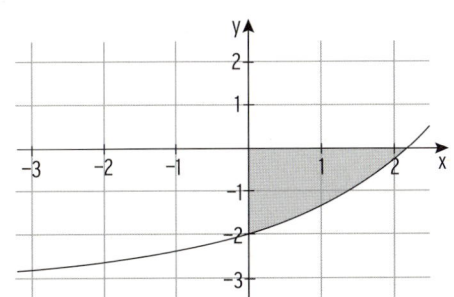

$f(x) = \frac{1}{4}x^2 - x$; $x_1 = 0$; $x_2 = 4$

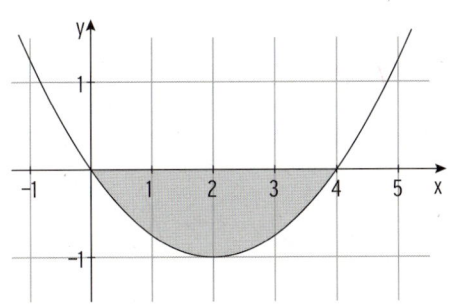

4. Füllen Sie die Tabelle aus.

Graph von f	Das größere Flächenstück liegt .... der x-Achse	Integralwert	Inhalt der markierten Fläche
	☐ unterhalb ☐ oberhalb	$\int_{-1}^{3,5} f(x)dx$ ☐ 0 ☐ −2,21	☐ 2,96 ☐ 2
	☐ unterhalb ☐ oberhalb	$\int_{-2}^{1} f(x)dx$ ☐ $\frac{3}{2}$ ☐ 1	☐ 3,5 ☐ $\frac{31}{6}$
	☐ unterhalb ☐ oberhalb	$\int_{-0,5}^{2} f(x)dx$ ☐ −0,6 ☐ −1,15	☐ 1,87 ☐ 3,12
	☐ unterhalb ☐ oberhalb	$\int_{0}^{5} f(x)dx$ ☐ −4 ☐ −6,5	☐ 9,75 ☐ 7,96

5. Die Graphen von f und g begrenzen eine Fläche vollständig.
   Berechnen Sie den Inhalt der Fläche.

$f(x) = \frac{1}{8}x^3 - x^2 + 2x$ $g(x) = 2x$	Schnittstellen: $f(x) = g(x)$ $\quad \frac{1}{8}x^3 - x^2 + 2x = 2x$ Nullform: $\quad\quad\quad\quad\quad \frac{1}{8}x^3 - x^2 = 0$ Ausklammern: $\quad\quad\quad x^2(\frac{1}{8}x - 1) = 0$ Schnittstellen: $\quad\quad\quad x_{1|2} = 0; \ x_3 = 8$ Integration über $f(x) - g(x) = \frac{1}{8}x^3 - x^2: \int_0^8 (\frac{1}{8}x^3 - x^2)\,dx$ $\quad\quad = \left[\frac{1}{32}x^4 - \frac{1}{3}x^3 \right]_0^8 = -\frac{128}{3}; \ A = \frac{128}{3}$
$f(x) = 3\cos(2x);$ $x \in [0; \pi]$ $g(x) = 3$	
$f(x) = -x^2(x - 4)$ $g(x) = 4x$	
$f(x) = e^x - 5$ $g(x) = -4e^{-x}$	
$f(x) = \frac{1}{2}(x - 2)(x - 4)$ $g(x) = (x - 2)^2$	

7 Bohner, Ott, Rosner, Deusch - ISBN 978-3-8120-1339-0

6. Berechnen Sie den Inhalt der markierten Fläche.

$f(x) = x + 1; \quad g(x) = x^2 - 1$

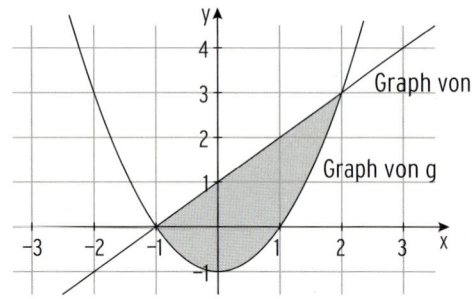

$f(x) = 0{,}5e^{-x} + 1; \quad g(x) = -x^2 + 2x + 1{,}5$

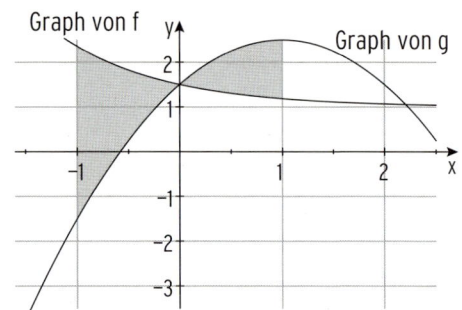

$K: f(x) = 0{,}25e^{-x} + 2; \quad G: g(x) = -x^2 + 1$

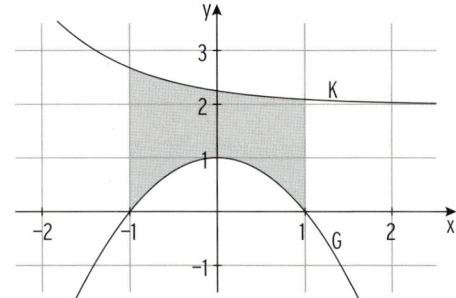

$K: f(x) = \sin\left(\frac{\pi}{2}x\right); \quad G: g(x) = -\frac{1}{4}x(x - 2)$

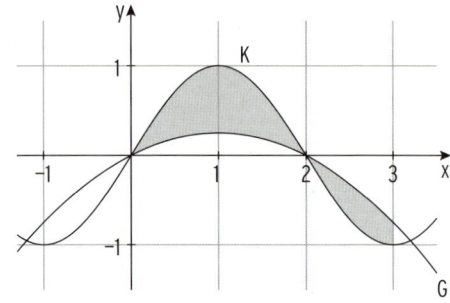

7. Die Abbildung zeigt das Schaubild einer Funktion h.

   H ist eine Stammfunktion von h.

   Begründen Sie für jede der folgenden Behauptungen, ob sie richtig oder falsch ist.

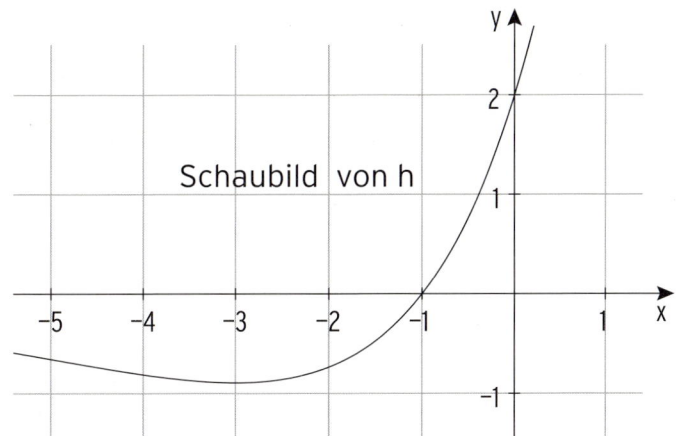

$H'(0) = 2$	☐ (r) ☐ (f)	
$h(-2) - h(0) < 0$	☐ (r) ☐ (f)	
Das Schaubild von H hat einen Tiefpunkt.	☐ (r) ☐ (f)	
$\int_{-5}^{-1} h(x)dx < -5$	☐ (r) ☐ (f)	
$\int_{-1}^{0} h'(x)dx = 2$	☐ (r) ☐ (f)	
Das Schaubild von H hat einen Wendepunkt mit negativer x-Koordinate.	☐ (r) ☐ (f)	
$3\int_{-2}^{-1} h(x)dx > 0$	☐ (r) ☐ (f)	

8. Die Abbildung zeigt die Graphen von f und g. Entscheiden Sie, welche der Aussagen wahr oder welche falsch sind?

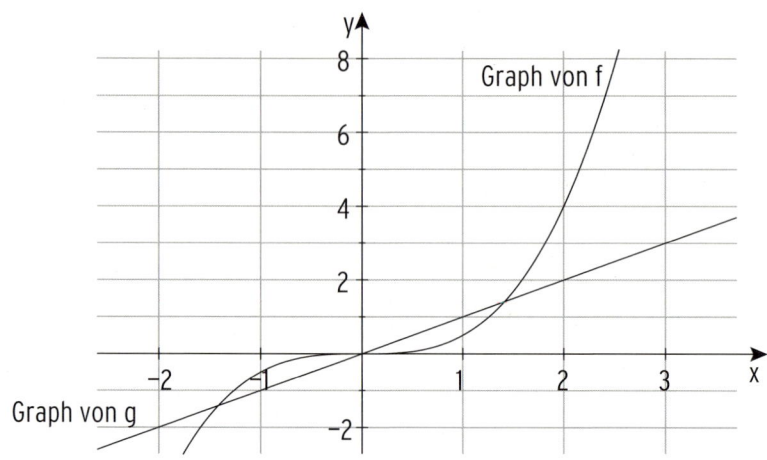

$f(x) - g(x)$ wechselt das Vorzeichen auf $[0; 2]$	☐ (w)	☐ (f)
$\int_0^1 (f(x) - g(x))dx > 0$	☐ (w)	☐ (f)
$\int_{-1}^1 (f(x) - g(x))dx = 0$	☐ (w)	☐ (f)
$\int_0^{2,5} (f(x) - g(x))dx > 0$	☐ (w)	☐ (f)
$\int_{-1}^0 (g(x) - f(x))dx > 0$	☐ (w)	☐ (f)
$\int_0^{\sqrt{2}} (f(x) - g(x))dx = -2$	☐ (w)	☐ (f)
$f - g$ hat drei Nullstellen auf $-2 \leq x \leq 2$	☐ (w)	☐ (f)
Es gibt ein $a > 0$, so dass $\int_0^a (f(x) - g(x))dx = 0$	☐ (w)	☐ (f)

9. Ordnen Sie dem Inhalt der markierten Fläche ein Integral zu.

a)

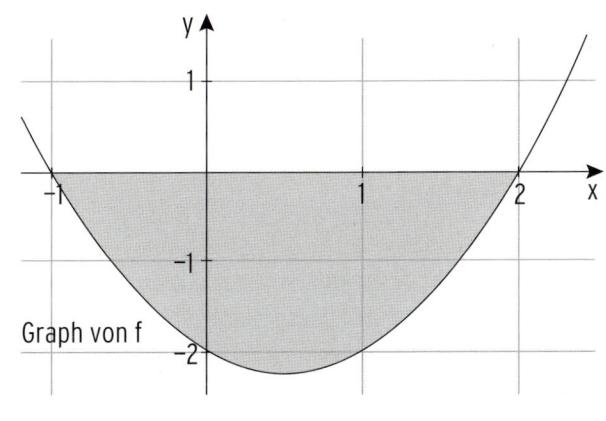

Graph von f

$\square$ $\int_{-1}^{2} f(x)dx$

$\square$ $\int_{2}^{-1} f(x)dx$

$\square$ $-\int_{-1}^{2} f(x)dx$

b)

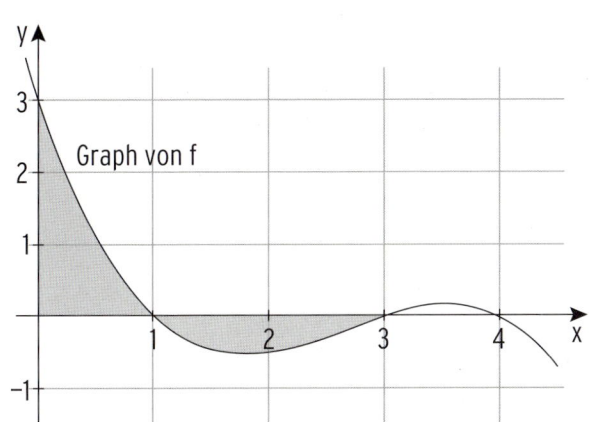

Graph von f

$\square$ $\int_{0}^{3} f(x)dx$

$\square$ $\int_{0}^{1} f(x)dx + \int_{1}^{3} f(x)dx$

$\square$ $\int_{0}^{1} f(x)dx - \int_{1}^{3} f(x)dx$

c)

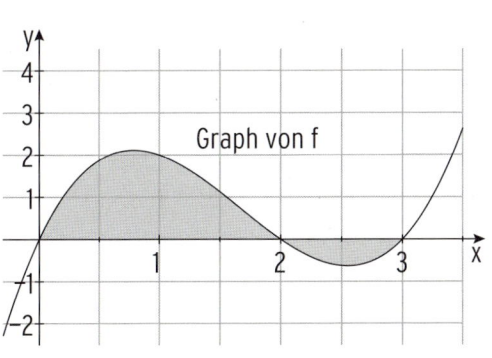

Graph von f

$\square$ $\int_{0}^{3} f(x)dx$

$\square$ $\frac{1}{2}(\int_{0}^{2} f(x)dx + \int_{2}^{3} f(x)dx)$

$\square$ $\int_{0}^{3} |f(x)|dx$

d)

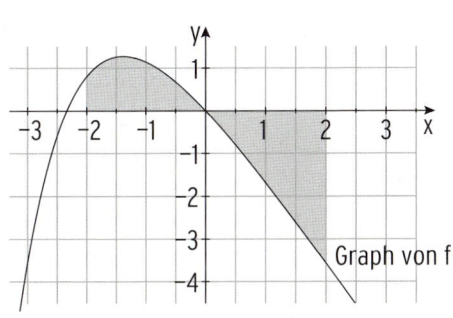

Graph von f

$\square$ $\int_{-2}^{2} f(x)dx$

$\square$ $\left| \int_{-2}^{2} f(x)dx \right|$

$\square$ $\int_{-2}^{2} |f(x)|dx$

2.5 Anwendungen des Integrals

1. Berechnen Sie den Mittelwert $\overline{m}$ der Funktionswerte $f(x)$ im Intervall $[a; b]$

$f(x) = -x^2 + 1$ $[a; b] = [-1; 1]$	$\frac{1}{1-(-1)} \int_{-1}^{1} (-x^2 + 1)dx = \frac{1}{2}\left[-\frac{1}{3}x^3 + x\right]_{-1}^{1} = \frac{1}{2}(-\frac{1}{3} + 1 - (\frac{1}{3} - 1)) = \frac{2}{3}$ $\overline{m} = \frac{2}{3}$
$f(x) = 2x - 4$ $[a; b] = [-3; 0]$	
$f(x) = e^{-0,5x} + 2$ $[a; b] = [-2; 2]$	

2. Bestimmen Sie den mittleren Funktionswert $\overline{m}$ auf dem gegebenen Intervall. Zeichnen Sie die Gerade mit $y = \overline{m}$ ein.

a) $f(x) = (x + 1)(3 - x); \; x \in [-1; 3]$

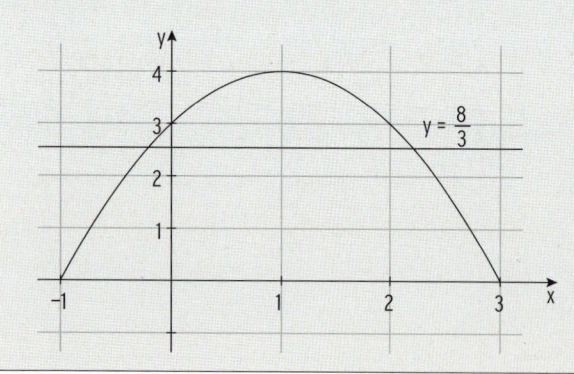

$\overline{m} = \frac{1}{3-(-1)} \int_{-1}^{3} (-x^2 + 2x + 3)dx$

$= \frac{1}{4}\left[-\frac{1}{3}x^3 + x^2 + 3x\right]_{-1}^{3} = \frac{8}{3}$

mittlerer Funktionswert: $\overline{m} = \frac{8}{3}$

b) $f(x) = \sin(2x) + 2; \; x \in [0; \pi]$

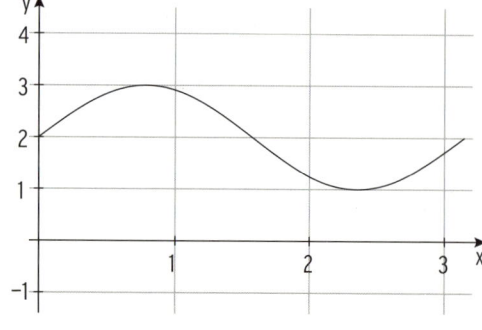

2.

c) $f(x) = 0,5e^{-0,5x} - x; x \in [-3; 2]$

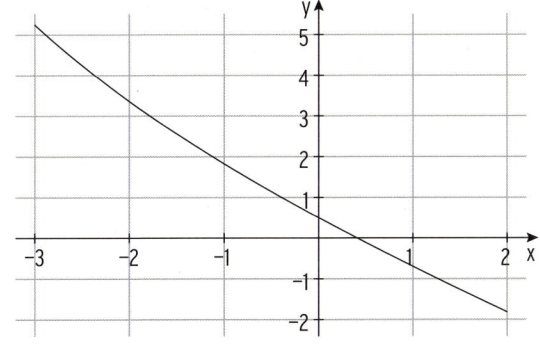

d) $f(x) = 2 - 0,5x; x \in [0; 6]$

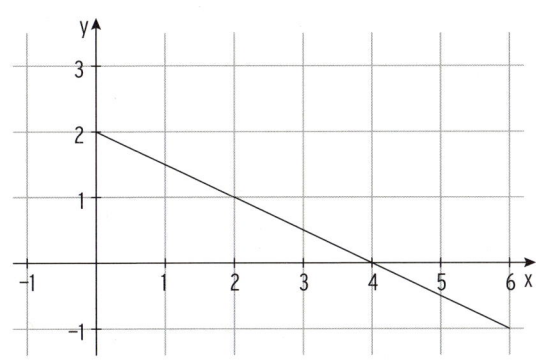

3. Berechnen Sie das Volumen des Rotationskörpers, wenn das Schaubild der Funktion f im Intervall [a; b] um die x-Achse rotiert.

$f(x) = 3 - x^2$ $[a; b] = [-1; 1]$	$V = \pi \int_{-1}^{1} (3 - x^2)^2 dx = \pi \int_{-1}^{1} (9 - 6x^2 + x^4) \, dx$ $V = \pi \left[9x - 2x^3 + \frac{1}{5}x^5 \right]_{-1}^{1} = \pi \left(9 - 2 + \frac{1}{5} - (-9 + 2 - \frac{1}{5}) \right) = \frac{72}{5} \pi$
$f(x) = 1 - \frac{1}{2}x$ $[a; b] = [-2; 1]$	
$f(x) = 1 + x^2$ $[a; b] = [-3; 0]$	
$f(x) = e^{-0,5x}$ $[a; b] = [0; 2]$	

4. Die markierte Fläche rotiert um die x-Achse.

Berechnen Sie das Volumen des Rotationskörpers.

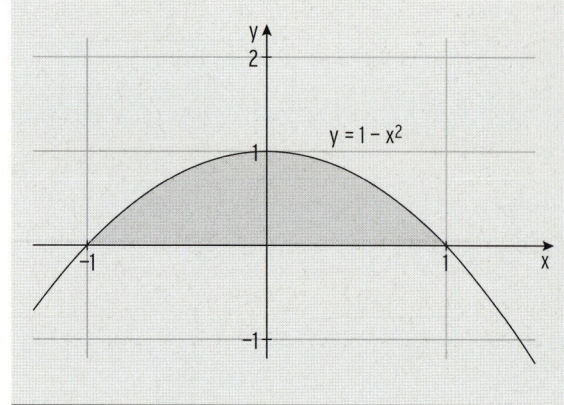

$V = \pi \int_{-1}^{1} (1 - x^2)^2 dx$

$V = \pi \int_{-1}^{1} (1 - 2x^2 + x^4) \, dx$

$V = \pi \left[x - \frac{2}{3}x^3 + \frac{1}{5}x^5 \right]_{-1}^{1}$

$V = \pi \left(1 - \frac{2}{3} + \frac{1}{5} - \left(-1 + \frac{2}{3} - \frac{1}{5}\right)\right) = \frac{16}{15}\pi$

Volumen $V = \frac{16}{15}\pi$

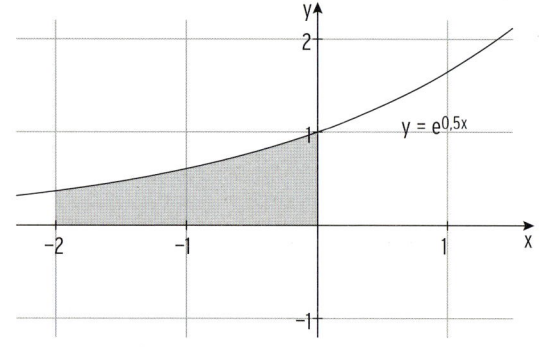

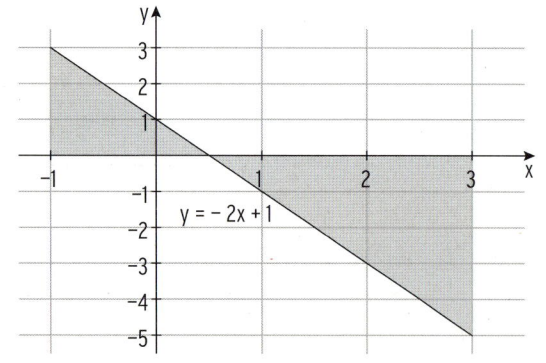

K: $f(x) = x^2 - 2$

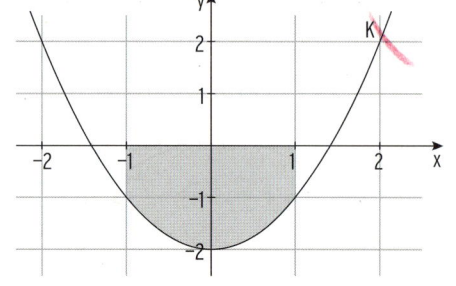

5. Die markierte Fläche rotiert um die x-Achse.
   Berechnen Sie das Volumen des Rotationskörpers.

K: f(x) = 1 ; G: g(x) = e^{-x} + 2

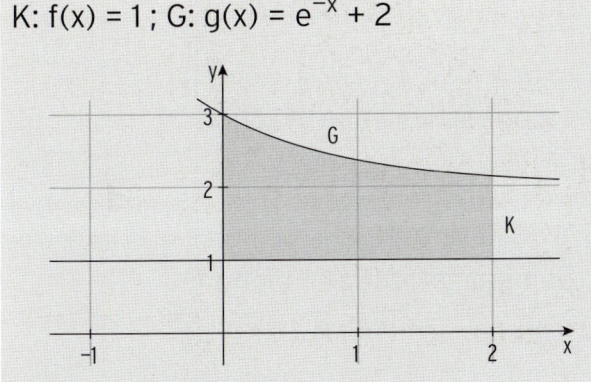

$$V = \pi \int_{0}^{2} ((g(x))^2 - (f(x))^2)\, dx$$

$$(g(x))^2 = (e^{-x} + 2)^2 = e^{-2x} + 4e^{-x} + 4$$

$$V = \pi \int_{0}^{2} (4 + 4e^{-x} + e^{-2x} - 1)\, dx$$

$$V = \pi \left[3x - 4e^{-x} - \tfrac{1}{2}e^{-2x} \right]_{0}^{2} \approx 9{,}95\pi$$

Volumen V = 9,95π

Hinweis: $V = V_{\text{außen}} - V_{\text{innen}}$

K: f(x) = − x^2; G: g(x) = x − 2

K: f(x) = 0,25 x^3; G: g(x) = x

K: f(x) = 0,5x^2 + 1 G: g(x) = x^2

8 Bohner, Ott, Rosner, Deusch - ISBN 978-3-8120-1339-0

6. Entscheiden Sie, ob die Behauptung richtig oder falsch ist.

	richtig	falsch
Eine Funktion hat genau eine Ableitungsfunktion und somit auch genau eine Stammfunktion.	☐	☐
Die von den Kurven K: $f(x) = x^2$ und G: $g(x) = x$ eingeschlossene Fläche rotiert um die x-Achse. Mit dem Term $V = \pi \int_0^1 (f(x) - g(x))^2\, dx$ lässt sich das Rotationsvolumen berechnen.	☐	☐
Die von den Kurven K: $f(x) = x^2$ und G: $g(x) = x$ eingeschlossene Fläche rotiert um die x-Achse. Mit dem Term $V = \pi \int_0^1 ((g(x))^2 - (f(x))^2)\, dx$ lässt sich das Rotationvolumen berechnen.	☐	☐
Der Mittelwert der Funktionswerte $f(x)$ im Intervall $[a; b]$ kann durch den Ansatz berechnet werden: $\overline{m} = \dfrac{F(b) - F(a)}{b - a}$.	☐	☐
$\overline{m}$ sei der Mittelwert der Funktionswerte $f(x)$ im Intervall $[a; b]$. Dann gilt: $\int_a^b (f(x) - \overline{m})dx = 1$.	☐	☐

7. Gegeben ist das Schaubild K der Funktion f. Welche Frage lässt sich mit dem gegebenen Ansatz beantworten?

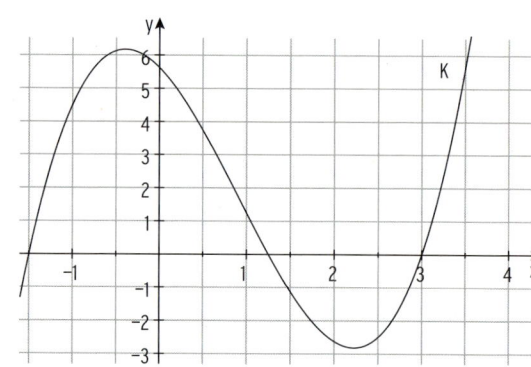

a) $\int_3^u f(x)dx = 10;\ u > 3$

b) $\int_{0,5}^u f(x)dx = 0$

   $u > 1,25$

c) $\int_u^{u+1} f(x)dx = -2$

   $1,25 \leq u \leq 2$

8. Die Funktion f mit $f(t) = 100e^{0,25t} - 300$ gibt für die ersten 9 Minuten den momentanen Wasserzu- bzw. abfluss in einem Wasserspeicher an. Das zugehörige Schaubild ist nebenstehend dargestellt. Positive Werte stehen hierbei für einen Wasserzufluss, negative für einen Wasserabfluss.

a) Zu welchem Zeitpunkt fließt

   am meisten Wasser ab?

   _____

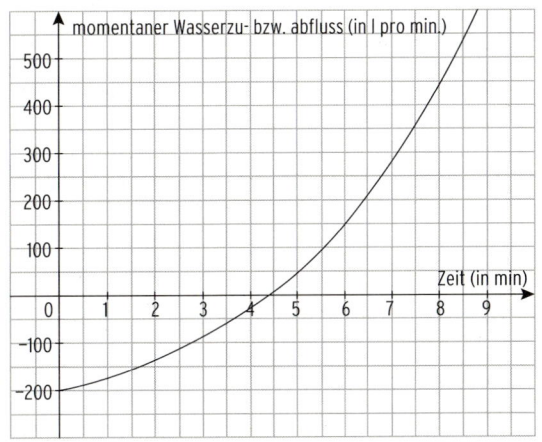

b) In welchem Zeitraum fließt Wasser ab?

   _____

   _____

c) Welche gesamte Wassermenge fließt ab?

   _____

d) Wie ändert sich die vorhandene Wassermenge im Becken zwischen t=3 und t=6?

   _____

e) Zu Beginn befanden sich 550 l Wasser im Becken. Ermitteln Sie den Term der Funktion, welche für jeden Zeitpunkt die gesamte Wassermenge im Becken angibt. Zeichnen Sie diese in das Koordinatensystem ein.

   _____

   _____

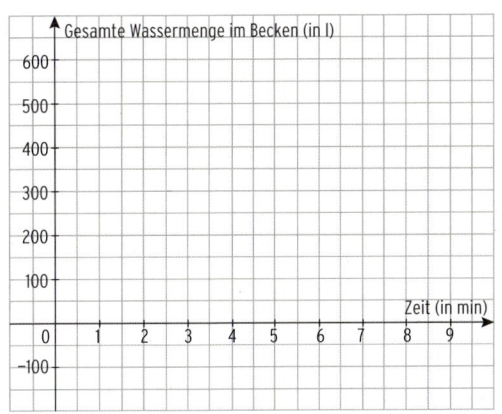

f) Welche Wassermenge befindet sich zwischen t = 2 und t = 7 durchschnittlich im Becken? _____

   _____

9. Auf der Autobahn A8 bildet sich ein Stau.

Das Koordinatensystem zeigt den Graphen
der Funktion f, welche die momentane Zu-
bzw. Abflussrate an Autos dargestellt.
a) Ergänzen Sie eine passende Aufgaben-
formulierung bzw. einen Rechenansatz.

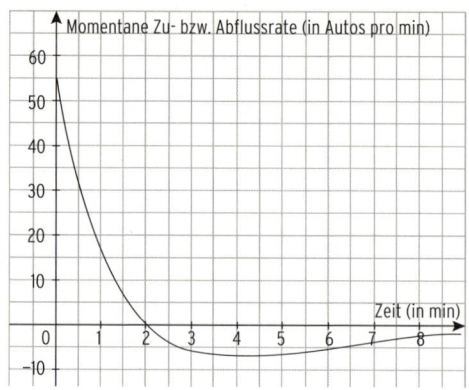

Rechenansatz	Aufgabenformulierung
$\int_0^1 f(t)dt$	Wie viele Autos stehen in t = 1 mehr im Stau als in t = 0?
$\int_1^6 f(t)dt$	
	Wie ist die momentane Zuflussrate im Stau in t = 1,4?
	Zu welchem Zeitpunkt fahren genau so viele Autos in den Stau ein, wie aus diesem heraus?
f'(t) = 0	
	Zu welchem Zeitpunkt stehen ebenso viele Autos im Stau, wie zum Zeitpunkt 0?
$\int_0^{t_1} f(t)dt = -10$	
	Wie groß ist die mittlere Zu- bzw. Abflussrate von Autos im Stau zwischen t = 1 und t = 8?

b) Das Koordinatensystem zeigt den Graphen
der Funktion g, welche die Anzahl der Autos
im Stau angibt. In welchem Zusammenhang
stehen die Funktion f (aus a) und die Funktion
g zueinander?

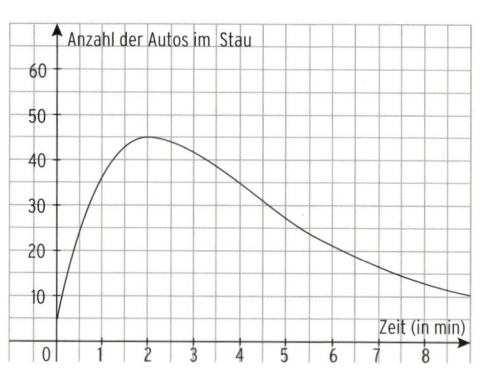

_____

_____

Ergänzen Sie eine passende Aufgabenformulierung bzw. einen Rechenansatz
anhand der Funktion g.

$\frac{1}{8}\int_0^8 g(t)dt$	
	Zu welchem Zeitpunkt stehen genau 30 Autos im Stau?
g'(t) = 0	
	Die Anzahl der Autos im Stau verringert sich.

II Stochastik

1 Binomialverteilung

1.1 Bernoulli-Formel

1. Handelt es sich hier um einen Bernoulli-Versuch? Geben Sie in diesem Fall auch die Länge der Bernoullikette und die Trefferwahrscheinlichkeit an.

Ein Würfel wird 10-mal geworfen. Nach jedem Wurf wird die Augenzahl notiert.	☐ kein Bernoulli-Versuch ☐ Bernoulli-Versuch; n =____; p = ____
Ein Würfel wird 10-mal geworfen. Nach jedem Wurf wird notiert ob eine Eins gewürfelt wurde.	☐ kein Bernoulli-Versuch ☐ Bernoulli-Versuch; n =____; p = ____
Unter 10 Personen befinden sich 3 Schmuggler. Ein Zollbeamter kontrolliert die Personen nacheinander.	☐ kein Bernoulli-Versuch ☐ Bernoulli-Versuch; n =____; p = ____
Im Schnitt haben 15 % aller Autos abgefahrene Reifen. Ein Polizist überprüft die Reifen von 20 Autos.	☐ kein Bernoulli-Versuch ☐ Bernoulli-Versuch; n =____; p = ____
Von den 24 Schülern aus einer Klasse besitzen 7 ein i-Phone. Nacheinander werden 6 Schüler aus der Klasse befragt, ob sie ein i-Phone besitzen.	☐ kein Bernoulli-Versuch ☐ Bernoulli-Versuch; n =____; p = ____
In 87 % aller Haushalte in Deutschland ist mindestens ein Fernseher vorhanden. Es werden 50 Haushalte befragt, ob mindestens ein Fernseher vorhanden ist.	☐ kein Bernoulli-Versuch ☐ Bernoulli-Versuch; n =____; p = ____

2. Berechnen Sie den Wert der Binomialkoeffizienten ohne den WTR.

$\binom{4}{2} = \frac{4 \cdot 3}{1 \cdot 2} = 6$	$\binom{3}{2} =$
$\binom{10}{1} =$	$\binom{10}{8} =$
$\binom{6}{2} =$	$\binom{20}{0} =$
$\binom{8}{7} =$	$\binom{14}{1} =$

3. Vervollständigen Sie die Bernoulliformel.

$$P(X = \underline{}) = \binom{4}{2} \cdot 0{,}7^{\square} \cdot \triangle^{\bigcirc} \qquad \text{Lösung: } P(X = 2) = \binom{4}{2} \cdot 0{,}7^{2} \cdot 0{,}3^{2}$$

$P(X = \underline{}) = \binom{10}{1} \cdot 0{,}4^{\square} \cdot \triangle^{\bigcirc}$	$P(X = 5) = \binom{12}{\diamond} \cdot 0{,}1^{\square} \cdot \triangle^{\bigcirc}$
$P(X = 10) = \binom{50}{\diamond} \cdot \triangle^{\bigcirc} \cdot 0{,}99^{\square}$	$P(X = \underline{}) = \binom{20}{0} \cdot 0{,}05^{\square} \cdot \triangle^{\bigcirc}$
$P(X = 7) = \binom{8}{7} \cdot 0{,}4^{\square} \cdot \triangle^{\bigcirc}$	$P(X = \underline{}) = \binom{}{} \cdot 0{,}1^{5} \cdot \triangle^{15}$

4. Berechnen Sie die gesuchten Wahrscheinlichkeiten mithilfe der Bernoulliformel.

Eine Maschine produziert mit einer Wahrscheinlichkeit von 95 % fehlerfreie Schrauben. Bei einer Qualitätskontrolle werden 100 Schrauben überprüft. Mit welcher Wahrscheinlichkeit sind genau 89 fehlerfrei?	X: _____ $P(X = \underline{})$ = _____ = _____
Eine verbeulte Münze, die mit einer Wahrscheinlichkeit von 42 % „Wappen" zeigt, wird 25 Mal geworfen. Mit welcher Wahrscheinlichkeit erscheint 12 Mal „Zahl"?	X: _____ $P(X = \underline{})$ = _____ = _____
Ein Glücksrad hat 4 gleich große Felder mit den Farben gelb, grün, rot und blau. Das Glücksrad wird 13 Mal gedreht. Mit welcher Wahrscheinlichkeit erscheint 8 Mal die Farbe blau?	X: _____ $P(X = \underline{})$ = _____ = _____
Ein Basketballspieler verwandelt einen Freiwurf mit einer Wahrscheinlichkeit von 78 %. Mit welcher Wahrscheinlichkeit verwandelt er von 20 Freiwürfen zwei nicht?	X: _____ $P(X = \underline{})$ = _____ = _____
Bei der Endkontrolle werden 50 Bälle überprüft. 10 % der produzierten Bälle sind defekt und damit nicht wettkampftauglich. Mit welcher Wahrscheinlichkeit sind genau 5 Bälle defekt?	X: _____ $P(X = \underline{})$ = _____ = _____

5. Andreas möchte eine 10-tätige Gebirgstour machen. Die Wahrscheinlichkeit für einen Regentag beträgt dort in dieser Jahreszeit 34 %.
Berechnen Sie die gesuchten Wahrscheinlichkeiten mithilfe der Bernoulliformel.

X: Anzahl _____ ; X ist _____ -verteilt

Wahrscheinlichkeit für 2 Regentage?	$P(X = \_\_\_)$ = _____
Wahrscheinlichkeit für 3 oder 4 Regentage?	$P(X = \_\_\_) + P(X = \_\_\_)$ = _____
Wahrscheinlichkeit für mindestens einen Regentag?	$1 - P(X = \_\_\_)$ = _____
Wahrscheinlichkeit für höchstens 8 Regentage?	$1 - (P(X = \_\_\_) + \_\_\_\_\_$ = _____

6. Bei einer Tombola führen 10 % der Lose zu einem Gewinn. Jan kauft 12 Lose.
Geben Sie jeweils eine Aufgabenstellung an, deren Lösung auf die folgende Weise berechnet wird. Gehen Sie von einer Binomialverteilung aus.
Berechnen Sie die Wahrscheinlichkeit, dass Jan

_____	$P = \binom{12}{3} \cdot 0{,}10^3 \cdot 0{,}90^9$
_____	$P = \binom{12}{2} \cdot 0{,}10^2 \cdot 0{,}90^{10} + \binom{12}{3} \cdot 0{,}10^3 \cdot 0{,}90^9$
_____	$P = 1 - \binom{12}{0} \cdot 0{,}10^0 \cdot 0{,}90^{12}$
_____	$P = \binom{12}{0} \cdot 0{,}10^0 \cdot 0{,}90^{12} + \binom{12}{1} \cdot 0{,}10^1 \cdot 0{,}90^{11}$

7. Vervollständigen Sie die Wahrscheinlichkeitsverteilung und die kumulierte Wahrscheinlichkeitsverteilung der binomialverteilten Zufallsvariablen. Geben Sie außerdem die Länge der Bernoulli-Kette und die Trefferwahrscheinlichkeit an.

a) n = _____   p = 0,5

k	0	1	2
P(X = k)			0,25
P(X ≤ k)	0,25	0,75	

Weisen Sie mit der Bernoulli-Formel nach, dass P(X = 0) = P(X = 2) gilt.

_____

b) n = _____   p = 0,8

k	0	1	2	3	4
P(X = k)	0,0016	0,0256			
P(X ≤ k)			0,1808	0,5904	1

Weisen Sie mit der Bernoulli-Formel nach, dass P(X = 3) = P(X = 4) gilt.

_____

8. Eine Zufallsvariable ist $B_{6;\,0,5}$-verteilt. Geben Sie mithilfe des WTR die Wahrscheinlichkeitsverteilung und die kumulierte Wahrscheinlichkeitsverteilung $F_{6;\,0,5}$ an und stellen Sie diese graphisch dar.

k	0	1	2	3	4	5	6
P(X = k)							
P(X ≤ k)							1

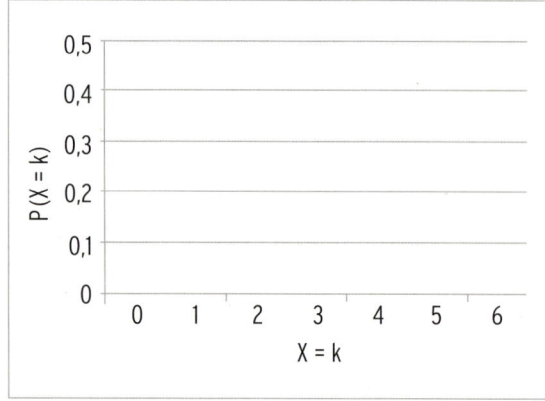

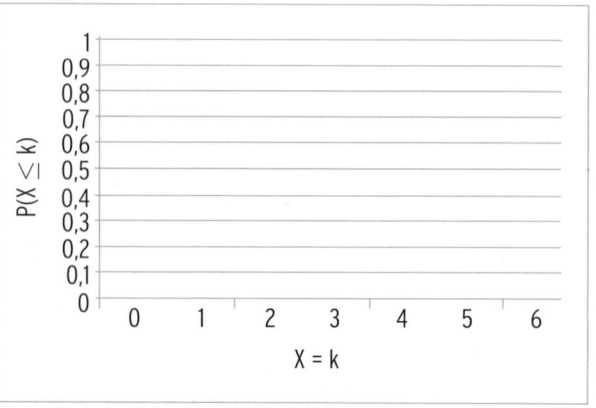

9. Bestimmen Sie die Wahrscheinlichkeiten mithilfe des WTR.

X ist $B_{20;\,0,25}$-verteilt: $P(X = 5) = B_{20;\,0,25}(5) = 0,2023$

$P(X \leq 5) = F_{20;\,0,25}(5) = 0,6172$

$B_{11;\,0,9}(5) =$	$B_{100;\,0,3}(30) =$	$F_{11;\,0,9}(8) =$
$B_{50;\,0,05}(2) =$	$F_{250;\,0,15}(20) =$	$B_{500;\,0,02}(10) =$
$B_{50;\,0,1}(6) =$	$F_{25;\,0,5}(10) =$	$F_{50;\,0,1}(6) =$

10. Schreiben Sie mit dem Summenzeichen.

X ist $B_{20;\,0,2}$-verteilt: $P(X \leq 5) = \sum_{i=0}^{5} P(X = x_i) = \sum_{i=0}^{5} B_{20;\,0,2}(i)$

X ist $B_{100;\,0,05}$-verteilt: $P(X \leq 30) = $

X ist $B_{50;\,0,01}$-verteilt: $P(10 \leq X \leq 20) = $

11. Eine Zufallsvariable zählt die Anzahl der Treffer bei einem Bernoulli-Versuch. Ordnen Sie jedem Ereignis den zugehörigen Berechnungsansatz durch einen Pfeil zu.

Genau 3 Mal.		$P(X \leq 2)$
Höchstens 3 Mal.		$P(X = 3) + P(X = 4)$
Weniger als 3 Mal.		$1 - P(X \leq 3)$
Mindestens 3 Mal		$P(X \leq 4) - P(X \leq 1)$
Mindestens 2 und höchstens 4 Mal.		$P(X \leq 3)$
3 oder 4 Mal.		$P(X = 4)$
Genau 4 Mal.		$1 - P(X \leq 2)$
Mehr als 3 Mal		$P(X \leq 4) - P(X \leq 2)$
Mehr als 2 Mal, aber weniger als 5 Mal.		$P(X = 3)$

9 Bohner, Ott, Rosner, Deusch - ISBN 978-3-8120-1339-0

12. Die Zufallsvariable X ist binomialverteilt mit n = 16 und p = 0,58. Bestimmen Sie die Wahrscheinlichkeiten mithilfe des WTR.

P(X = 7)= _____

P(X < 9) = _____

= _____

P(X ≥ 5) = _____

= _____

P(X > 6) = _____

= _____

P(X = 10) + P(X = 11)

= _____

P(4 < X < 8) = _____

= _____

P(3 ≤ X ≤ 8) = _____

= _____

P(1 ≤ X ≤ 5) = _____

= _____

13. Ein Glücksrad hat 6 gleich große Felder. 2 der Felder sind grün, 3 sind rot und eines ist blau. Das Glücksrad wird 15 Mal gedreht.

a) Bestimmen Sie mit Hilfe des WTR die Wahrscheinlichkeit

für mehr als 7 Mal grün.	p = _____ ; P(X _____) =
für höchstens 8 Mal grün oder rot.	
für 5 oder 6 Mal blau.	
für mindestens 7 und höchstens 12 Mal rot.	
für mehr als 8 Mal rot oder blau.	

b) Wie oft müsste man mindestens drehen, um mit einer Wahrscheinlichkeit von mehr als 99,9 % mindestens einmal grün zu erhalten?

P(mind. einmal grün bei n Drehungen) > 0,999 ⟺ 1 − P(_____) > 0,999

⟺ P(   ) < 0,001 ⟺ _____

Aufrunden ergibt n= _____ . Es müsste also mindestens ___ Mal gedreht werden.

14. Ein Medikament verursacht bei 5 % aller Patienten Nebenwirkungen. Bei einem Test nehmen 170 Personen das Medikament ein.

   a) Mit welcher Wahrscheinlichkeit treten bei mindestens 13 Personen Nebenwirkungen auf? _____

   b) Mit welcher Wahrscheinlichkeit treten bei höchstens 10 % aller Personen Nebenwirkungen auf? _____

   c) Mit welcher Wahrscheinlichkeit treten bei höchstens 5 % aller Personen Nebenwirkungen auf? _____

   d) Wie viele Personen müssten das Medikament testen, dass die Wahrscheinlichkeit, dass bei mindestens einer Person Nebenwirkungen auftreten, mindestens 95 % beträgt?

   _____

   _____

15. Die Tabelle zeigt die Wahrscheinlichkeitsverteilung einer binomialverteilten Zufallsgröße X.

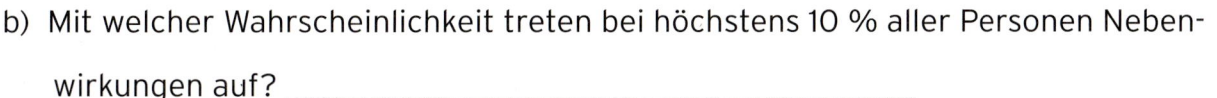

k	0	1	2	3	4	5	6
P(X = k)	0,0467	0,1866	0,3110	0,2765	0,1382	0,0369	0,0041

Bestimmen Sie die Wahrscheinlichkeiten mithilfe der Tabelle.

$P(X = 4)$	
$P(X \leq 1)$	
$P(X \geq 4)$	
$P(3 \leq X \leq 5)$	
$\sum_{i=0}^{2} P(X = x_i)$	
$\sum_{i=4}^{6} P(X = x_i)$	
$P(X > 5)$	

1.2 Erwartungswert, Standardabweichung und Sigmaregeln

1. Es liegt eine binomialverteilte Zufallsvariable vor.

   a) Ergänzen Sie die unvollständigen Spalten.

n	50	50	80		125		
p	0,2	0,6		0,5			
μ	$n \cdot p = 10$		40	60	12,5		
σ	$\sqrt{n \cdot p \cdot (1 - p)} = 2{,}83$						

   b) Vervollständigen Sie die nachfolgenden Aussagen. Berechnen Sie hierzu eventuell weitere Spalten in der Tabelle aus a).

   • Eine Vervierfachung von n (p = konstant) führt zu einer _____ von μ.

   • Eine Vervierfachung von n (p = konstant) führt zu einer _____ von σ.

   • Eine Vervierfachung von p (n = konstant) führt zu einer _____ von μ.

   • Bei gegebenem n erhält man den höchsten Wert für σ, wenn man p=_____ wählt.

   Hingegen sinkt σ, wenn p gegen die Zahl ___ oder gegen die Zahl ___ strebt.

2. Eine Maschine produziert mit einer Wahrscheinlichkeit von 85 % fehlerfreie Schrauben. Bei einer Qualitätskontrolle werden 3 Schrauben überprüft. Die Zufallsvariable X gibt die Anzahl an fehlerhaften Schrauben bei der Qualitätskontrolle an.

   a) Berechnen Sie den Erwartungswert der Zufallsvariablen: _____

   b) μ gibt inhaltlich _____ an.

   c) Geben Sie eine Wahrscheinlichkeitsverteilung der Zufallsvariablen X an.

k	0	1	2	3
P(X = k)				

   d) Berechnen Sie μ erneut. Verwenden Sie hierzu jedoch die Wahrscheinlichkeitsverteilung. _____

   e) Berechnen Sie die Standardabweichung der Zufallsvariablen:

   f) σ gibt inhaltlich _____ an.

3. Ein Glücksrad hat drei farbige Sektoren, die beim einmaligen Drehen mit folgenden Wahrscheinlichkeiten angezeigt werden: Rot 20 %; Grün 30 %; Blau 50 %.
Das Glücksrad wird n-mal gedreht. Die Zufallsvariable X gibt an, wie oft die Farbe Rot angezeigt wird.

a) Begründen Sie, dass X binomialverteilt ist. _____

_____

b) Die Tabelle zeigt einen Ausschnitt der Wahrscheinlichkeitsverteilung von X.

k	0	1	2	3	4	5	6	7	...
P(X = k)	0,01	0,06	0,14	0,21	0,22	0,17	0,11	0,05	

Bestimmen Sie die Wahrscheinlichkeit, dass mindestens 3-mal rot angezeigt wird.

_____

Entscheiden Sie, welcher der folgenden Werte von n der Tabelle zugrunde liegen kann: 20, 25 oder 30. Begründen Sie Ihre Entscheidung.

_____

_____

4. Vervollständigen Sie die Tabelle.

n	p	μ	σ	σ-Intervall	2σ-Intervall	3σ-Intervall
500	0,7	350	10,25	[339,75; 360,25]	[329,50; 370,50]	[319,25; 380,75]
600	0,5					
	0,17	34	5,31			
10				[3,32; 6,48]		
	0,25					[21,60; 53,40]

5. Vervollständigen Sie die Tabelle. Ordnen Sie dann die Schaubilder zu.

n	250	50	80	60
p	0,1	0,5	0,6	0,8
μ				
σ				
Schaubild				

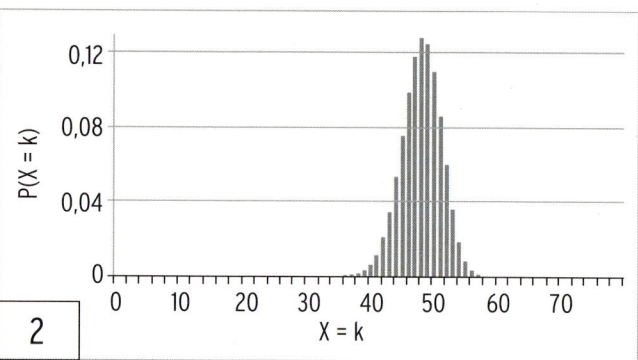

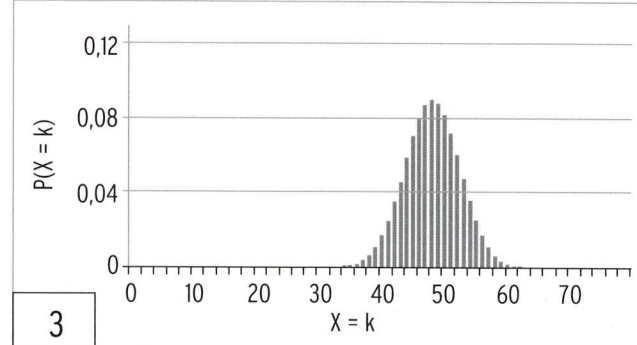

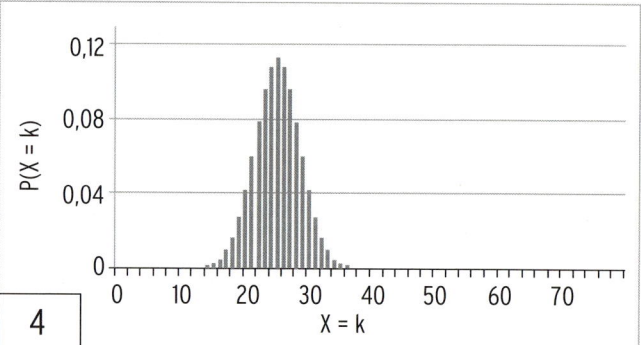

6. In einem Hallenbad gibt der Eintrittskartenautomat jedem zwölften Besucher eine unbrauchbare Eintrittskarte aus. An einem Samstag Vormittag benutzen 155 Personen den Automat.

a) Schätzen Sie ab, wie viele Personen an diesem Tag mit einer Wahrscheinlichkeit von 95 % eine unbrauchbare Eintrittskarte erhalten.

μ = _____ , σ = _____

Zugehöriges Intervall: [_____ ; _____].

b) Geben Sie das 3σ-Intervall an.

[_____ ; _____]

7. Auf dem Weg zur Arbeit kommt Stefan jeden Tag an einer Ampel vorbei, welche mit einer Wahrscheinlichkeit von 35 % auf Rot steht.
   Pro Jahr arbeitet Stefan an 220 Tagen.

   a) Mit wie vielen Tagen pro Jahr, an welchen die Ampel auf Rot steht, muss Stefan rechnen?

   _____

   b) An wie vielen Tagen im nächsten Jahr steht die Ampel mit einer Wahrscheinlichkeit von 95,4 % auf Rot?

   Geben Sie hierfür ein Intervall an.

   Der gegebenen Sicherheitswahrscheinlichkeit ist der z-Wert _____ in der Tabelle zugeordnet.

   Mit der Standardabweichung von $\sigma =$_____

   führt dies zu dem Intervall [_____ ; _____]

   $=$ _____ .

   _____ .

   c) Geben Sie ein Intervall zur Sicherheitswahrscheinlichkeit $\gamma = 0,99$ an.

   VI = [_____ ; _____].

   d) Mit welcher Wahrscheinlichkeit liegt diese Anzahl an Tagen im Intervall [69,93; 84,07]?

   Ansatz: _____

   _____

   Dieses Intervall erhält man für z = _____ .

   Somit beträgt die Wahrscheinlichkeit _____ %.

8. Eine Münze wird 150 Mal geworfen. Die Zufallsvariable X gibt an, wie oft Wappen geworfen wurde.

   X ist binomialverteilt mit n =_____ und p =_____.

   Somit beträgt der Erwartungswert μ =_____

   und die Standardabweichung σ =_____.

   Nach der σ-Regel nimmt X einen Wert an, welcher mit einer Wahrscheinlichkeit

   von 68,3 % im Intervall [_____ ; _____],

   mit einer Wahrscheinlichkeit

   von 95,4 % im Intervall [_____ ; _____]

   und mit einer Wahrscheinlichkeit

   von 99,7 % im Intervall [_____ ; _____]

   liegt.

9. Sind die Aussagen, bezogen auf eine binomialverteilte Zufallsvariable, wahr (w) oder falsch (f)?

Aussage	(w)	(f)
Der Erwartungswert gibt stets die Trefferanzahl an, die die höchste Wahrscheinlichkeit aufweist.	☐	☐
Die Standardabweichung ist ein Maß für die Streuung der Werte einer Zufallsvariablen um den Erwartungswert.	☐	☐
Die Standardabweichung misst die Breite der Verteilung.	☐	☐
Ein Intervall, das mithilfe der Sigmaregeln berechnet wird, ist stets symmetrisch zum Erwartungswert.	☐	☐
Eine Binomialverteilung ist annähernd normalverteilt für $\sigma > 5$.	☐	☐
Die Sigmaregeln treffen umso besser zu, je größer der Stichprobenumfang ist.	☐	☐
Mit den Sigmaregeln können Wahrscheinlichkeiten abgeschätzt werden.	☐	☐

2 Schätzen unbekannter Wahrscheinlichkeiten

1. a) Vervollständigen Sie die Tabelle.

h	n	γ	z	Vertrauensintervall VI
0,6	100	90%	1,64	$\left[h - z\sqrt{\frac{h(1-h)}{n}}; h + z\sqrt{\frac{h(1-h)}{n}}\right] = [0{,}520; 0{,}680]$
0,6	100	99%		
0,22	1000	90%		
0,45	300	95%		
0,64	120	95,4%		

b) Vervollständigen Sie die nachfolgenden Aussagen.

Eine Erhöhung von n führt zu einem ☐ längeren ☐ kürzeren Intervall.

Eine Erhöhung von γ führt zu einem ☐ längeren ☐ kürzeren Intervall.

c) Erklären Sie einem Mitschüler anschaulich (ohne Rechnung), weshalb eine

Erhöhung von γ diese Wirkung auf die Länge des Vertrauensintervalls besitzt:

_____

_____

_____

d) Ermitteln Sie die fehlenden Werte.

h	n	γ	z	Vertrauensintervall VI
	350			$[0{,}4476; 0{,}5524]$

_____

_____

10 Bohner, Ott, Rosner, Deusch - ISBN 978-3-8120-1339-0

2. An einer großen beruflichen Schule wird der Schülersprecher gewählt, wobei jeder Schüler einen Wahlzettel mit seinem gewünschten Kandidaten abgegeben hat. Nachdem 100 Stimmzettel ausgezählt sind, wird eine erste „Hochrechnung" gemacht. 47 Stimmzetteln entfallen auf den Kandidaten Vincent.

   Geben Sie ein Intervall an, in welchem der Stimmanteil von Vincent nach Auszählung aller Stimmzettel mit einer Wahrscheinlichkeit von 90 % liegen wird.

   $n =$ _____ ; $h =$ _____ ; $\gamma =$ _____ ; $z =$ _____

   $VI = [$ _____ ; _____ $] = [$ _____ ; _____ $]$

   Der gesamte Stimmanteil für Vincent wird mit einer Wahrscheinlichkeit von 90 %

   zwischen _____ und _____ liegen.

3. Ein Unternehmen möchte den neuen Joghurt „choco-mint" am Markt platzieren und bietet diesen hierzu einen Monat lang in einem Testsupermarkt an. 253 der insgesamt 1572 Testkunden haben den Joghurt in diesem Zeitraum gekauft.

   a) Ermitteln Sie zum Vertrauensniveau γ = 95 % ein Vertrauensintervall für den gesamten Marktanteil des neuen Joghurts.

   $n =$ _____ ; $h =$ _____ ; $\gamma =$ _____ ; $z =$ _____

   $VI = [$ _____ ; _____ $] = [$ _____ ; _____ $]$

   b) Deutschlandweit rechnet das Unternehmen mit 14 Millionen Personen, welche durch schnittlich einen Joghurt pro Woche kaufen. Gemäß a) kann das

   Unternehmen also mit mindestens _____

   und höchstens _____

   verkauften „choco-mint"- Joghurts pro Woche rechnen. An einem verkauften

   Joghurt verdient das Unternehmen 0,11 EUR. Das Unternehmen wird durch die

   Einführung des Joghurts (mit einer Wahrscheinlichkeit von 95 %) also mindestens

   _____ EUR und höchstens _____ EUR Gewinn

   pro Woche erwirtschaften.

4. Stichprobenumfang

a) Grundsätzlich sollte eine ☐ geringe oder ☐ große Länge des Vertrauens-

intervalls angestrebt werden.

Welcher Mindeststichprobenumfang hierzu gewählt werden muss, kann mithilfe

der Formel _____ errechnet werden.

b) Beispielsweise muss bei einer angestrebten Länge des Vertrauensintervalls von

$d = 0{,}08$ und einem Vertrauensniveau von $\gamma = 95\,\%$ (entspricht z =_____)

ein Mindeststichprobenumfang von n=_____ gewählt werden.

c) Vervollständigen Sie die Tabelle mithilfe der Formel.

n	γ	z	Vertrauensintervall VI	Länge von VI: d
748	90 %	1,64	$[0{,}33;\ 0{,}39]$	0,06
	95 %		$[0{,}41;\ 0{,}46]$	
		2,58	$[0{,}22;\ \_\_\_\_\_]$	0,02
100			$[0{,}42;\ 0{,}52]$	
900	99,7 %		$[\_\_\_\_\_;\ 0{,}80]$	

5. Die Herstellerfirma möchte den Bekanntheitsgrad eines neu eingeführten Parfüms abschätzen. Hierzu sollen in einer Fußgängerzone zufällig ausgewählte Personen befragt
werden, ob sie das Parfüm kennen. Als Vertrauensniveau wird $\gamma = 90\,\%$ verwendet.

a) Wie viele Personen müssen befragt werden, um den Bekanntheitsgrad auf eine

Genauigkeit von $\pm\ 3\,\%$ genau zu schätzen? n =_____

b) 32 % der befragten Personen geben an, das Parfüm zu kennen. Ermitteln Sie das
zugehörige Vertrauensintervall.

n =_____ ; h =_____ ; γ =_____ ; z =_____

VI = [_____ ; _____] = [_____ ; _____]

6. Sie sind in einem Autohaus und lassen sich von einem Verkäufer beraten.

Dieser argumentiert: „Zwei meiner letzten drei Neuwagenkunden, also 66,7 %, haben sich für ein rotes Auto entschieden. Rot wird die neue Trendfarbe. In der nächsten Zeit werden mit Sicherheit über 50 % aller Neuwagen in der Farbe Rot bestellt werden."

a) Entgegnen Sie auf anschauliche Weise.

_____

_____

b) Sie stellen fest, dass der Verkäufer durchaus mathematisch vorgebildet ist.

Entgegnen Sie ihm durch Argumentation anhand einer Rechnung.

_____

_____

_____

7. Sind die Behauptungen richtig (r) oder falsch (f)?

Durch Vertrauensintervalle schließt man von einer Stichprobe auf die Gesamtheit.	☐ (r)	☐ (f)
Durch Vertrauensintervalle können Ergebnisse von Stichproben abgeschätzt werden.	☐ (r)	☐ (f)
Ein geringer Stichprobenumfang führt zu einer großen Länge des Vertrauensintervalls.	☐ (r)	☐ (f)
Ein nach der Näherungsformel ermitteltes Vertrauensintervall ist stets symmetrisch zum Erwartungswert.	☐ (r)	☐ (f)
Die Näherungsformel zur Ermittlung eines Vertrauensintervalls sollte nur angewendet werden, falls h kleiner als 0,1 ist.	☐ (r)	☐ (f)

3 Wiederholung Stochastik Eingangsklasse

Aufgabe 1

In einer Schachtel liegen 2 gelbe, 4 blaue und 5 rote Kugeln. Die Kugeln unterscheiden sich nur in der Farbe. Es werden 2 Kugeln wie folgt gezogen:
Wird im ersten Zug eine rote Kugel gezogen, so wird diese wieder in die Schachtel zurückgelegt. Andersfarbige Kugeln werden nicht zurückgelegt.

1.1 Zeichnen Sie ein Baumdiagramm mit den zugehörigen Wahrscheinlichkeiten.

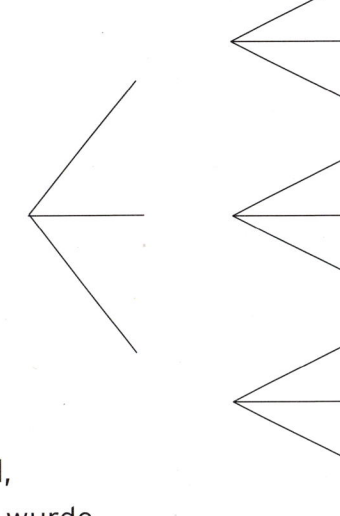

1.2 Berechnen Sie die Wahrscheinlichkeit, dass die zweite gezogene Kugel gelb ist.

_____

_____

1.3 Berechnen Sie die Wahrscheinlichkeit, dass beim zweiten Zug eine blaue Kugel gezogen wird, falls beim ersten Zug keine blaue Kugel gezogen wurde.

_____

_____

Aufgabe 2

In einer Lostrommel befinden sich 50 Nieten und 10 Gewinne. Es werden nacheinander drei Lose gezogen.

2.1 Berechnen Sie die Wahrscheinlichkeiten der folgenden Ereignisse:

A: Alle drei Lose sind Nieten.   P(A) = _____

B: Nur das zweite Los ist ein Gewinn. P(B) = _____

2.2 Das dritte Los ist ein Gewinn. Mit welcher Wahrscheinlichkeit war auch das erste Los ein Gewinn?

C: Das 3. Los ist ein Gewinn;   D: Das 1. Los ist ein Gewinn

P(C) = _____

$P(C \cap D)$ = _____

Gesuchte Wahrscheinlichkeit:

Aufgabe 3

Für die Produktion des Zwei-Liter-Autos werden unter anderem Scheinwerfereinheiten benötigt. Zunächst wird die Strellux AG mit der Produktion beauftragt. Diese garantiert, dass der Anteil an defekten Einheiten etwa 10 % beträgt.

Nach Anlauf der Serienfertigung wird festgestellt, dass mehr Scheinwerfereinheiten benötigt werden als die Strellux AG liefern kann. Als zweiten Lieferanten wählt man das Unternehmen Briedenband KG, welches allerdings nicht die Fertigungsqualität der Strellux AG erreicht. Bei Briedenband sind $\frac{1}{6}$ der gelieferten Scheinwerfer defekt. 70 % der Teile werden von der Strellux AG geliefert, der Rest von der Briedenband KG.

3.1   Stellen Sie den Zusammenhang in einem Baumdiagramm oder einer Vierfeldertafel dar.

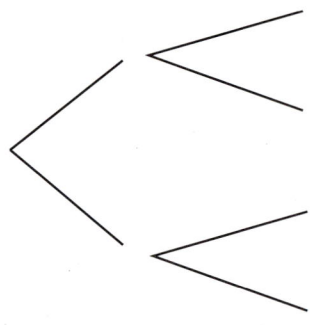

	S	B	gesamt
D			
$\overline{D}$			
gesamt	0,70	0,30	1

3.2   Berechnen Sie, mit welchem Gesamtanteil an defekten Scheinwerfereinheiten zu rechnen ist. _____

_____

3.3   Ermitteln Sie die Wahrscheinlichkeit dafür, dass eine defekte Scheinwerfereinheit von der Briedenband KG stammt.

_____

_____

Aufgabe 4

Die Tabelle zeigt die Wahrscheinlichkeitsverteilung für den Gewinn des Spielers bei einem Glücksspiel. Berechnen Sie den Erwartungswert.

Gewinn in €	4	2	− 3
P	$\frac{1}{6}$	$\frac{55}{216}$	?

_____

_____

Aufgabe 5

Für ein Glücksspiel wird das abgebildete Glücksrad
verwendet. Nach jedem Drehen zeigt der Zeiger
eindeutig auf einen der vier Sektoren.
Der zugehörige Buchstabe wird notiert.

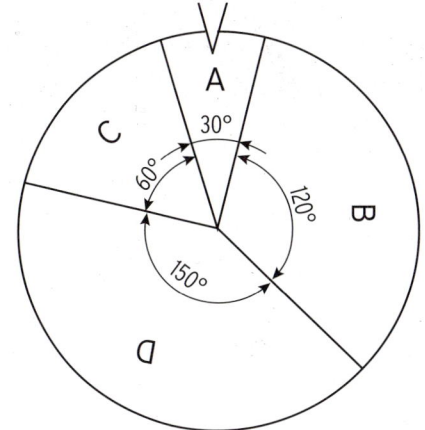

Bei einem Schulfest bietet eine Klasse folgendes Spiel an:
Der Spieler zahlt einen Einsatz und darf zweimal drehen.
Wird zweimal A notiert, werden 5 € ausbezahlt. Wird genau
einmal A notiert, wird 1 € ausbezahlt. In allen anderen Fällen erhält der Spieler nichts.
Welchen Einsatz muss die Klasse verlangen, damit sie pro Spiel durchschnittlich 10 Cent
Gewinn erwirtschaftet?

Zufallsvariable X:

Ereignis			
Auszahlung			
Wahrscheinlichkeit			

Erwartungswert:

Ergebnis:

Aufgabe 6

Ein Spielkartensatz besteht aus 32 Karten. In jeder der vier „Farben" (Karo, Herz, Pik
und Kreuz) gibt es eine Sieben, eine Acht, eine Neun, eine Zehn, einen Buben, eine
Dame, einen König und ein As (Skat-Satz).
Jede Ziehung erfolgt aus dem verdeckten Spielkartensatz. Der Spielkartensatz wird
vor jeder Ziehung gemischt.
Aus dem Spielkartensatz wird mehrmals eine Karte mit Zurücklegen gezogen.
Mit welcher Wahrscheinlichkeit erhält man bei 3 Ziehungen keine Karo-Karte?

P(keine Karo-Karte) = _____

Wie oft muss mindestens gezogen werden, damit die Wahrscheinlichkeit,
wenigstens eine Karo-Karte zu haben, größer als 99% ist?

_____

_____

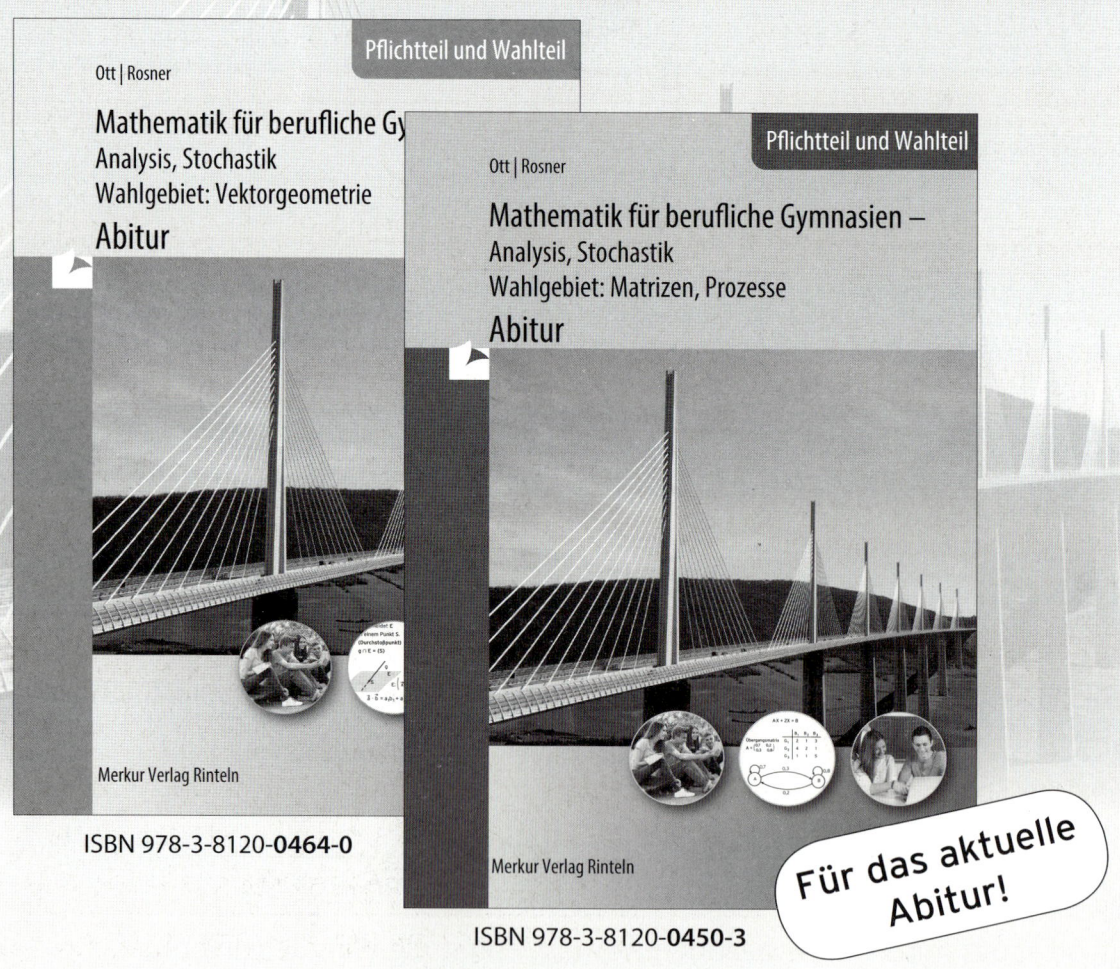

Lösungen

Lösungen

11 Bohner, Ott, Rosner, Deusch · ISBN 978-3-8120-1339-0

I Analysis

1 Differenzialrechnung

1.1 Differenzialquotient und Ableitung

1. Bestimmen Sie die mittlere Änderungsrate auf [a; b].

$f(x) = (x+1)^2$; [0; 2]	$\frac{f(2)-f(0)}{2-0} = \frac{9-1}{2} = 4$
$f(x) = 6x - 2x^3$; [1; 3]	$\frac{f(3)-f(1)}{3-1} = \frac{-36-4}{2} = -20$
$f(x) = 3e^{\frac{1}{2}x}$; [−1; 2]	$\frac{f(2)-f(-1)}{2-(-1)} = \frac{3e-3e^{-0.5}}{3} = 2{,}11$
$f(x) = 2\sin(2x)$; [0; $\frac{\pi}{4}$]	$\frac{f(\frac{\pi}{4})-f(0)}{\frac{\pi}{4}-0} = \frac{2-0}{\frac{\pi}{4}} = \frac{8}{\pi}$
$f(x) = 9$; [−5; 3]	$\frac{f(3)-f(-5)}{3+5} = \frac{9-9}{8} = 0$
$f(x) = x^4 - x^2$; [−2; 0]	$\frac{f(0)-f(-2)}{0+2} = \frac{0-12}{2} = -6$

2. Bestimmen Sie die momentane Änderungsrate in x_0.

$f(x) = x^2 + 2$; $x_0 = 2$	$\frac{f(2+h)-f(2)}{h} = \frac{(2+h)^2+2-6}{h} = \frac{h^2+4h}{h} = h+4$ $h+4 \to 4$ für $h \to 0$ $\quad m_t = f'(2) = 4$
$f(x) = 6x^2 - 2$; $x_0 = 1$	$\frac{f(1+h)-f(1)}{h} = \frac{6(1+h)^2-2-4}{h} = \frac{6h^2+12h}{h} = 6h+12$ $6h+12 \to 12$ für $h \to 0$ $\quad m_t = f'(1) = 12$
$f(x) = x^2 - x$; $x_0 = 0$	$\frac{f(h)-f(0)}{h} = \frac{h^2-h}{h} = h-1$; $h-1 \to -1$ für $h \to 0$ $\quad m_t = f'(0) = -1$

3. Für eine Funktion f gilt folgende Bedingung. Welche Aussagen lassen sich daraus für das Schaubild K von f treffen?

$f'(2) = -3$	K hat in x = 2 die Steigung − 3.
$f'(4) = 0$	K hat in x = 4 die Steigung 0, eine waagrechte Tangente.
$f'(x) > 0; x \in \mathbb{R}$	K ist steigend.
$f(-1) = 0$	P(− 1 | 0) liegt auf K.
$f(4) < 0$	Der Kurvenpunkt Q(4| f(4)) liegt unterhalb der x-Achse.
$f'(-2) = -1$	K hat in x = − 2 die Steigung − 1.
$f(3) = 4 \wedge f'(3) = 0$ _{und}	K hat in P(3| 4) eine waagrechte Tangente.
$f'(x) = 1$	An der Stelle x hat K die Steigung 1.

4. Bestimmen Sie die mittlere Änderungsrate von f auf [1; 3] und die momentane Änderungsrate in $x_0 = 1$ mithilfe der Abbildung.

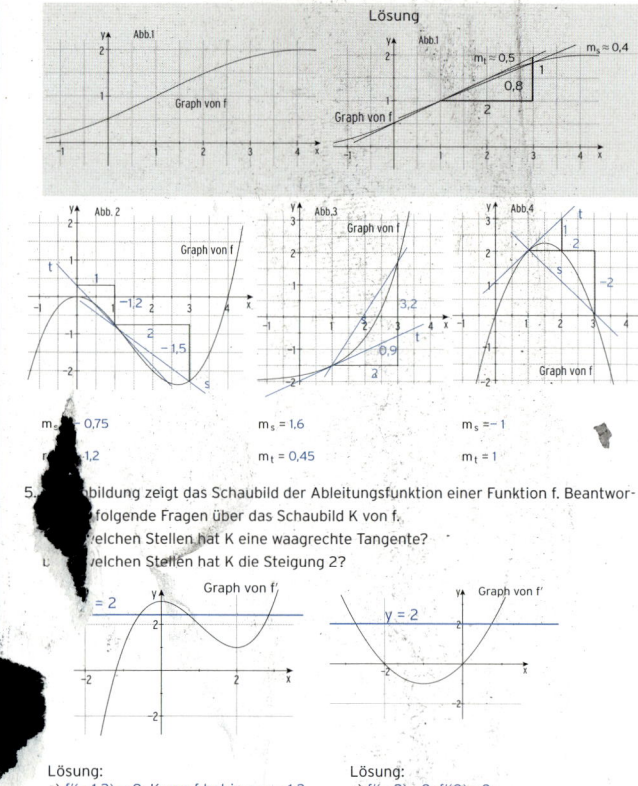

Lösung

$m_s \approx 0{,}75$ $\qquad$ $m_s = 1{,}6$ $\qquad$ $m_s = -1$

$m_t = 1{,}2$ $\qquad$ $m_t = 0{,}45$ $\qquad$ $m_t = 1$

5. Die Abbildung zeigt das Schaubild der Ableitungsfunktion einer Funktion f. Beantworten Sie folgende Fragen über das Schaubild K von f.
a) An welchen Stellen hat K eine waagrechte Tangente?
b) An welchen Stellen hat K die Steigung 2?

Lösung:
a) $f'(-1{,}2) = 0$; K von f hat in $x \approx -1{,}2$ eine waagrechte Tangente.
b) K hat die Steigung 2, d. h. $f'(x) = 2$ für $x \approx -0{,}8$; $x \approx 0{,}9$; $x \approx 2{,}7$.

Lösung:
a) $f'(-2) = 0$; $f'(0) = 0$; K von f hat in x = − 2 und in x = 0 eine waagrechte Tangente.
b) K hat die Steigung 2, d. h. $f'(x) = 2$ für $x \approx -2{,}6$; $x \approx 0{,}7$.

6. Bilden Sie die erste Ableitung.

$f(x) = 2\cos(x) + 1$	$f'(x) = -2\sin(x)$
$f(x) = -3\sin(x) - x$	$f'(x) = -3\cos(x) - 1$
$f(x) = \frac{1}{4}x^3 + x^4 + 3$	$f'(x) = \frac{3}{4}x^2 + 4x^3$
$f(x) = \frac{1}{32}x^3 + x^2 + x - 4$	$f'(x) = \frac{3}{32}x^2 + 2x + 1$
$f(x) = 5e^x + 2x - 1$	$f'(x) = 5e^x + 2$
$f(x) = ae^x + b$	$f'(x) = ae^x$
$f(x) = \frac{3}{x}$	$f'(x) = -\frac{3}{x^2}$ $\quad$ Bem.: $f(x) = 3x^{-1}$
$f(x) = -4\sqrt{x}$	$f'(x) = -2x^{-0.5}$ $\quad$ Bem.: $f(x) = -4x^{0.5}$

7. Bilden Sie die erste Ableitung mithilfe der Kettenregel.

$f(x) = 2\sin(3x)$	$f'(x) = 3 \cdot 2\cos(3x) = 6\cos(3x)$
$f(x) = \frac{5}{2}e^{4x} + 5x$	$f'(x) = 10e^{4x} + 5$
$f(x) = 0{,}25e^{x-1} + 2$	$f'(x) = 0{,}25e^{x-1}$
$f(x) = (2x-4)^3$	$f'(x) = 3(2x-4)^2 \cdot 2 = 6(2x-4)^2$
$f(x) = -1{,}2e^{2-3x} + x^3$	$f'(x) = -3 \cdot (-1{,}2e^{2-3x}) + 3x^2 = 3{,}6e^{2-3x} + 3x^2$
$f(x) = 2ae^{bx+c}$	$f'(x) = 2abe^{bx+c}$
$f(x) = -\pi\cos(0{,}5x)$	$f'(x) = 0{,}5\,\pi\sin(0{,}5x)$
$f(x) = x - \sin(0{,}3\pi x)$	$f'(x) = 1 - 0{,}3\pi\cos(0{,}3\pi x)$
$f(x) = \frac{9}{5}e^{x^2+1} + 2$	$f'(x) = 2x \cdot \frac{9}{5}e^{x^2+1} = \frac{18}{5}x \cdot e^{x^2+1}$
$f(x) = 4\sin(3+2x) + 1$	$f'(x) = 8\cos(3+2x)$
$f(x) = \pi - 2\cos(2(x+1))$	$f'(x) = 4\sin(2(x+1))$
$f(x) = 4\cos(\frac{x}{\pi})$	$f'(x) = -\frac{4}{\pi}\sin(\frac{x}{\pi})$

8. Bestimmen Sie die 1. Ableitung mithilfe der Produktregel.

$f(x) = (x-8)e^x$	$f(x) = (2-6x)e^x$	$f(x) = x \cdot \sin(x)$
$u(x) = x - 8 \Rightarrow u'(x) = 1$	$u(x) = 2 - 6x \Rightarrow u'(x) = -6$	$u(x) = x \Rightarrow u'(x) = 1$
$v(x) = e^x \Rightarrow v'(x) = e^x$	$v(x) = e^x \Rightarrow v'(x) = e^x$	$v(x) = \sin(x) \Rightarrow v'(x) = \cos(x)$
$f'(x) = 1 \cdot e^x + (x-8)e^x$	$f'(x) = -6 \cdot e^x + (2-6x)e^x$	$f'(x) = 1 \cdot \sin(x) + x\cos(x)$
$f'(x) = e^x \cdot (1 + x - 8)$	$f'(x) = e^x \cdot (-6 + 2 - 6x)$	$f'(x) = \sin(x) + x\cos(x)$
$f'(x) = (x-7)e^x$	$f'(x) = (-4 - 6x)e^x$	

9. Bestimmen Sie die 1. Ableitung.

$f(x) = 4xe^{-3x}$	$f(x) = x^2\,e^{-\frac{1}{2}x}$	$f(x) = \sin(2x) \cdot e^{-x}$
$u(x) = 4x \Rightarrow u'(x) = 4$	$u(x) = x^2 \Rightarrow u'(x) = 2x$	$u(x) = \sin(2x)$
$v(x) = e^{-3x} \Rightarrow v'(x) = -3e^{-3x}$	$v(x) = e^{-\frac{1}{2}x} \Rightarrow v'(x) = -\frac{1}{2}e^{-\frac{1}{2}x}$	$\Rightarrow u'(x) = 2\cos(2x)$
$f'(x) = 4e^{-3x} + 4x \cdot (-3e^{-3x})$	$f'(x) = 2x \cdot e^{-\frac{1}{2}x} + x^2 \cdot (-\frac{1}{2}e^{-\frac{1}{2}x})$	$v(x) = e^{-x} \Rightarrow v'(x) = -e^{-x}$
$f'(x) = e^{-3x} \cdot (4 - 12x)$	$f'(x) = e^{-\frac{1}{2}x} \cdot (2x - \frac{1}{2}x^2)$	$f'(x) = 2\cos(2x)e^{-x} + \sin(2x)(-e^{-x})$
		$f'(x) = e^{-x} \cdot (2\cos(2x) - \sin(2x))$

10. Kreuzen Sie die richtige Ableitung an.

$f(x) = (x-3)e^x$	☒ $f'(x) = (x-2)e^x$	☐ $f'(x) = (x-2)e^{2x}$
$f(x) = 4x - e^{2x}$	☐ $f'(x) = 4 - 2e^x$	☒ $f'(x) = 4 - 2e^{2x}$
$f(x) = -3\sin(2x-1)$	☐ $f'(x) = 6\cos(2x-1)$	☒ $f'(x) = -6\cos(2x-1)$
$f(x) = \frac{1}{7}x^4 + \frac{3}{7}x^3 + 2$	☐ $f'(x) = \frac{4}{7}x^3 + \frac{9}{7}x^2 + 2$	☒ $f'(x) = \frac{1}{7}(4x^3 + 9x^2)$

11. Bilden Sie die erste und die zweite Ableitung.

$f(x) = 2\cos(4x) + 2x$	$f'(x) = -8\sin(4x) + 2$	$f''(x) = -32\cos(4x)$
$f(x) = 3x - e^{2x} - 1$	$f'(x) = 3 - 2e^{2x}$	$f''(x) = -4e^{2x}$
$f(x) = \frac{1}{4}x^5 + x^4 + 3x^2$	$f'(x) = \frac{5}{4}x^4 + 4x^3 + 6x$	$f''(x) = 5x^3 + 12x^2 + 6$
$f(x) = \frac{1}{16}(x^4 + x^2 - 8)$	$f'(x) = \frac{1}{16}(4x^3 + 2x)$	$f''(x) = \frac{1}{16}(12x^2 + 2)$
$f(x) = 5(e^{3x} - \sin(\pi x))$	$f'(x) = 5(3e^{3x} - \pi\cos(\pi x))$	$f''(x) = 5(9e^{3x} + \pi^2\sin(\pi x))$

12. Entscheiden Sie, ob hier richtig oder falsch abgeleitet wurde. Beschreiben Sie gegebenenfalls kurz, worin der Fehler besteht.

Funktionsterme	richtig falsch	richtig wäre ...	Was wurde nicht beachtet?
$f(x) = 2x^4 + 2x^2$ $f'(x) = 8x^4 + 4x^2$	□ (r) × (f)	$f'(x) = 8x^3 + 4x$	Potenzregel: $(x^4)' = 4x^3$
$f(x) = 3x^6 - 3x^4 + x$ $f'(x) = 18x^5 - 12x^3$	□ (r) × (f)	$f'(x) = 18x^5 - 12x^3 + 1$	x wird beim Ableiten zu 1; $(x)' = 1$
$f(x) = \frac{1}{2}e^{2x}$ $f'(x) = e^{2x}$	× (r) □ (f)	$f'(x) =$	
$f(x) = \sin(2x) + 1$ $f'(x) = \cos(2x)$	□ (r) × (f)	$f'(x) = 2\cos(2x)$	Kettenregel
$f(x) = e^{2x} \cdot x^2$ $f'(x) = e^{2x} \cdot 2x$	□ (r) × (f)	$f'(x) = e^{2x} \cdot (2x^2 + 2x)$	Produktregel und Kettenregel
$f(x) = \cos(\pi x + 1)$ $f'(x) = \sin(\pi x)$	□ (r) × (f)	$f'(x) = -\pi\sin(\pi x + 1)$	Kettenregel $(\cos(u))' = u' \cdot (-\sin(u))$
$f(x) = \frac{1}{x^2}$ $f'(x) = \frac{1}{2x}$	□ (r) × (f)	$f'(x) = -\frac{2}{x^3}$	$f(x) = x^{-2}$; Potenzregel
$f(x) = 2x(x^3 + 4x^2)$ $f'(x) = 2(3x^2 + 8x)$	□ (r) × (f)	$f'(x) = 8x^3 + 24x^2$	Produktregel; zuerst ausmultiplizieren: $f(x) = 2x^4 + 8x^3$

13. Sind die Aussagen wahr (w) oder falsch (f)?

	w	f
Der Funktionswert von f mit $f(x) = x^2 + 1$; $x \in \mathbb{R}$, entspricht an jeder Stelle x der Steigung des Graphen der Ableitungsfunktion.	□	×
Der y-Wert $f'(x)$ entspricht an jeder Stelle x der Steigung des Graphen der Funktion f.	×	□
Die Ableitungsfunktion einer linearen Funktion ist eine konstante Funktion.	×	□
Es gibt keine zwei Funktionen, welche beide die gleiche Ableitungsfunktion haben. (z.B.: $f(x) = 4x + 8$; $f(x) = 4x + 5$)	□	×
Bei der Funktion f mit $f(x) = e^x$; $x \in \mathbb{R}$, entspricht der y-Wert an jeder Stelle der Steigung des zugehörigen Schaubildes.	×	□

1.2 Tangente und Normale

1. Berechnen Sie die Gleichung der Tangente an das Schaubild von f an der Stelle x = u.

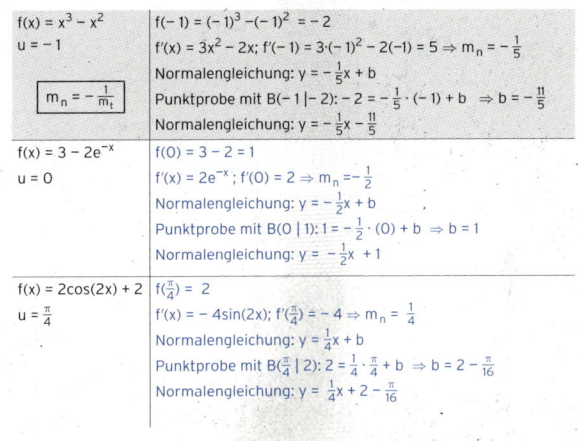

$f(x) = 3x - 2x^2$, $u = -2$
$f(-2) = 3 \cdot (-2) - 2 \cdot (-2)^2 = -14$
$f'(x) = 3 - 4x$; $f'(-2) = 3 - 4(-2) = 11$; also $m_t = 11$
Tangentengleichung: $y = 11x + b$
Punktprobe mit $B(-2|-14)$: $-14 = 11 \cdot (-2) + b \Rightarrow b = 8$
Tangentengleichung: $y = 11x + 8$

$f(x) = x - 2e^{0,25x}$, $u = 4$
$f'(x) = 1 - 0,5e^{0,25x}$; $f'(4) = 1 - 0,5e$; also $m_t = 1 - 0,5e$
Tangentengleichung: $y = (1 - 0,5e)x + b$
$f(4) = 4 - 2e$; Punktprobe mit $B(4|4 - 2e)$:
$4 - 2e = (1 - 0,5e) \cdot 4 + b \Rightarrow b = 0$
Tangentengleichung: $y = (1 - 0,5e)x$

$f(x) = \frac{1}{2}\sin(3x) + 1$, $u = \frac{\pi}{6}$
$f'(x) = 1,5 \cos(3x)$; $f'(\frac{\pi}{6}) = 0$; also $m_t = 0$
Tangentengleichung: $y = b$ (waagrechte Tangente)
$f(\frac{\pi}{6}) = \frac{3}{2}$; Die Tangente verläuft durch $B(\frac{\pi}{6}|\frac{3}{2})$, also $b = \frac{3}{2}$
Tangentengleichung: $y = \frac{3}{2}$

2. Berechnen Sie die Gleichung der Normale an das Schaubild von f an der Stelle x = u.

$f(x) = x^3 - x^2$, $u = -1$
$f(-1) = (-1)^3 - (-1)^2 = -2$
$f'(x) = 3x^2 - 2x$; $f'(-1) = 3 \cdot (-1)^2 - 2(-1) = 5 \Rightarrow m_n = -\frac{1}{5}$

$m_n = -\frac{1}{m_t}$

Normalengleichung: $y = -\frac{1}{5}x + b$
Punktprobe mit $B(-1|-2)$: $-2 = -\frac{1}{5} \cdot (-1) + b \Rightarrow b = -\frac{11}{5}$
Normalengleichung: $y = -\frac{1}{5}x - \frac{11}{5}$

$f(x) = 3 - 2e^{-x}$, $u = 0$
$f(0) = 3 - 2 = 1$
$f'(x) = 2e^{-x}$; $f'(0) = 2 \Rightarrow m_n = -\frac{1}{2}$
Normalengleichung: $y = -\frac{1}{2}x + b$
Punktprobe mit $B(0|1)$: $1 = -\frac{1}{2} \cdot (0) + b \Rightarrow b = 1$
Normalengleichung: $y = -\frac{1}{2}x + 1$

$f(x) = 2\cos(2x) + 2$, $u = \frac{\pi}{4}$
$f(\frac{\pi}{4}) = 2$
$f'(x) = -4\sin(2x)$; $f'(\frac{\pi}{4}) = -4 \Rightarrow m_n = \frac{1}{4}$
Normalengleichung: $y = \frac{1}{4}x + b$
Punktprobe mit $B(\frac{\pi}{4}|2)$: $2 = \frac{1}{4} \cdot \frac{\pi}{4} + b \Rightarrow b = 2 - \frac{\pi}{16}$
Normalengleichung: $y = \frac{1}{4}x + 2 - \frac{\pi}{16}$

3. Gezeichnet ist das Schaubild einer Funktion h mit der Definitionsmenge D = [-1; 8]. Prüfen Sie für jede der folgenden Aussagen, ob sie wahr oder falsch ist.

	w	f
$h'(1) < 0$	×	□
Das Schaubild von h' geht durch den Punkt Q(2 | 0).	□	×
$h'(7) = -0,5$	□	×
Es gibt ein $x \in D$ für das gilt: $h'(x) = 0$.	×	□
Die Gleichung $h'(x) = 1$ hat eine Lösung.	□	×

Schaubild von h

4. Berührt das Schaubild K von f mit $f(x) = \frac{1}{16}x^4 - \frac{1}{2}x^2 + 1$; $x \in \mathbb{R}$, die x-Achse? Begründen Sie durch Rechnung. Skizzieren Sie das Schaubild von f.

Lösung: $f'(x) = \frac{1}{4}x^3 - x$
Stellen mit waagrechter Tangente: $f'(x) = 0$
Ausklammern: $x(\frac{1}{4}x^2 - 1) = 0 \Leftrightarrow x = 0 \vee x = \pm 2$
Mit $f(0) = 1$ und $f(\pm 2) = 0$ ergibt sich:
K berührt die x-Achse in $x = \pm 2$.

Hinweis: $f(x) = 0$ ergibt zwei doppelte Lösungen in $x = \pm 2$ (durch Substitution).

5. Berühren sich das Schaubild von f mit $f(x) = -\frac{1}{2}x^2 + 2$; $x \in \mathbb{R}$, und das Schaubild von g mit $g(x) = e^{2-x} + x - e + 0,5$; $x \in \mathbb{R}$, in $x_0 = 1$? Begründen Sie rechnerisch.

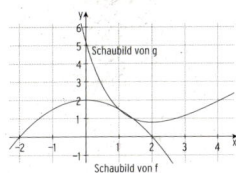

Lösung:
$f(1) = 1,5$; $g(1) = 1,5$
gemeinsamer Punkt $S(1|1,5)$
$f'(x) = -x$; $f'(1) = -1$
$g'(x) = -e^{2-x} + 1$; $g'(1) = -e^1 + 1 \neq -1$
Die Schaubilder berühren sich nicht.

6. Zeigen Sie: Das Schaubild K von f mit $f(x) = x^2(x^2 - 5)$; $x \in \mathbb{R}$, und das Schaubild G von g mit $g(x) = 3x^2 - 16$; $x \in \mathbb{R}$, haben genau zwei gemeinsame Punkte. Welche besonderen Eigenschaften liegen vor?

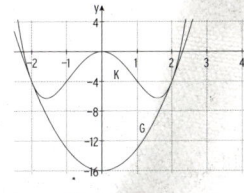

Lösung:
Gemeinsame Punkte: $f(x) = g(x)$
$x^4 - 5x^2 = 3x^2 - 16 \Leftrightarrow x^4 - 8x^2 + 16 = 0$
Lösung durch Substitution oder Anwendung einer Binomischen Formel: $(x^2 - 4)^2 = 0$
Zwei doppelte Schnittstellen $x = \pm 2$
also zwei Berührstellen.
Probe durch Vergleich der Steigungen:
$f'(x) = 4x^3 - 10x$; $g'(x) = 6x$
$f'(2) = g'(2) = 12$; $f'(-2) = g'(-2) = -12$

7. Schneiden sich die Schaubilder von f mit $f(x) = 1,5e^{2x} + 3$; $x \in \mathbb{R}$, und g mit $g(x) = x^2 - \frac{1}{3}x + \frac{9}{2}$; $x \in \mathbb{R}$, senkrecht? Begründen Sie durch eine Rechnung.

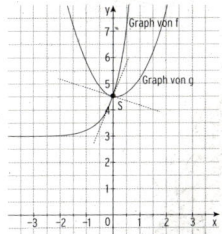

Lösung:
Gemeinsamer Punkt: $S(0|4,5)$
$f'(x) = 3e^{2x}$; $g'(x) = 2x - \frac{1}{3}$
$f'(0) = 3$; $g'(0) = -\frac{1}{3}$
$3 \cdot (-\frac{1}{3}) = -1$
Die Schaubilder schneiden sich auf der y-Achse senkrecht.

8. Das Fahrzeug bricht in $x_0 = 10$ aus. Trifft es das Hindernis im Punkt P(20 | 0,25)?

Skizze:

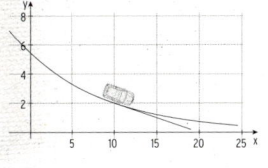

$f(x) = 2e^{1-0,1x}$; $f'(x) = -0,2e^{1-0,1x}$
Tangente in $B(10|2)$: $f'(10) = -0,2$; $f(10) = 2$
Tangentengleichung: $y = -0,2(x - 10) + 2$
Punktprobe mit P: $0,25 = -0,2(20 - 10) + 2$
$\quad\quad\quad 0,25 = 0$ falsch
Es trifft das Hindernis im Punkt P nicht.

Hinweis: In der Merkhilfe ist die Gleichung der Tangente an K von f in B(u | f(u)) angeführt: $y = f'(u)(x - u) + f(u)$

9. Gegeben ist die Gerade g: y = 2x − 3.

Berechnen Sie den zugehörigen Steigungswinkel α_g.

$m_g = 2 \Rightarrow \alpha_g = 63,4°$

Zeichnen Sie zusätzlich die Gerade h mit y = 0,5x ein. Berechnen Sie den Steigungswinkel α_h dieser Geraden:

$m_h = \frac{1}{2} \Rightarrow \alpha_h = 26,6°$

Berechnen Sie den Schnittwinkel α der Geraden g und h.

$\alpha = 63,4° − 26,6° = 36,8°$

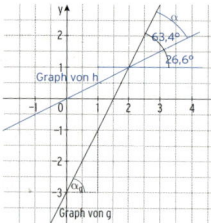

10. Die Abbildung zeigt die Graphen der Funktionen f mit $f(x) = e^{0,5x−1}$; $x \in \mathbb{R}$, und g mit $g(x) = −\frac{1}{4}x^2 + 2$; $x \in \mathbb{R}$.

Berechnen Sie den Schnittwinkel α der beiden Schaubilder.

$f'(x) = 0,5\, e^{0,5x−1}$

$g'(x) = −\frac{1}{2}x$

$m_1 = f'(2) = 0,5$

$m_2 = g'(2) = −1$

$\tan(\alpha_1) = 0,5 \quad \Rightarrow \quad \alpha_1 = 26,6°$

$\tan(\alpha_2) = −1 \quad \Rightarrow \quad \alpha_2 = −45°$

Schnittwinkel
$\alpha = 26,6° + 45° = 71,6°$

oder

mit der Schnittwinkelformel:

$\tan(\alpha) = \left| \dfrac{0,5 − (−1)}{1 + 0,5 \cdot (−1)} \right| \Rightarrow \alpha = 71,6°$

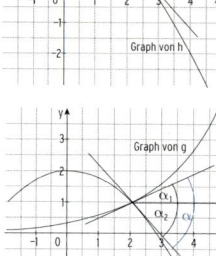

12

1.3 Grafisches Differenzieren

1. Zeichnen Sie das Schaubild der 1. Ableitungsfunktion.

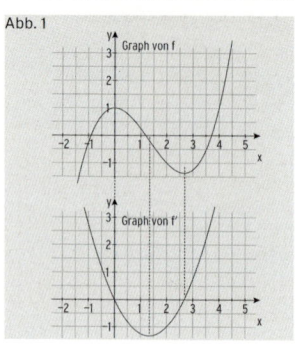

Abb. 1

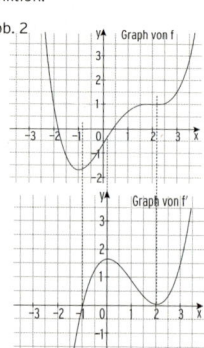

Abb. 2

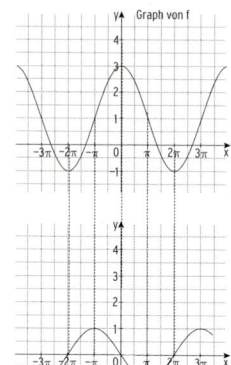

Abb. 3

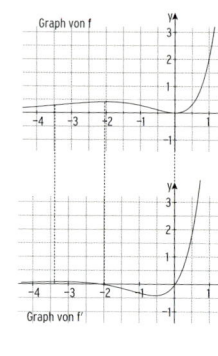

Abb. 4

13

---

2. Die folgenden Abbildungen 1 und 2 zeigen die Schaubilder einer Funktion und ihrer Ableitungsfunktion. Welches Schaubild gehört zur Funktion, welches zur Ableitungsfunktion? Begründen Sie Ihre Entscheidung.

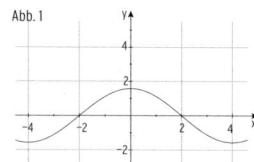

Abb. 1

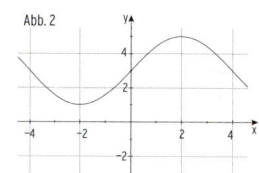

Abb. 2

Zuordnung: Abb. 2: Funktion f; Abb. 1: Ableitungsfunktion f′

Begründung: In x = 0 hat f (Abb. 2) eine Steigung von etwa 1,5,

f′ hat den Funktionswert 1,5; f′(0) ≈ 1,5 (Abb. 1).

In x = 2 bzw. in x = − 2 hat der Graph der Funktion f eine waagrechte Tangente, der Graph der Funktion f′ einen gemeinsamen Punkt mit der x-Achse.

3. Gegeben ist das Schaubild einer Funktion f. Skizzieren Sie das Schaubild ihrer Ableitungsfunktion in das untenstehende Koordinatensystem.

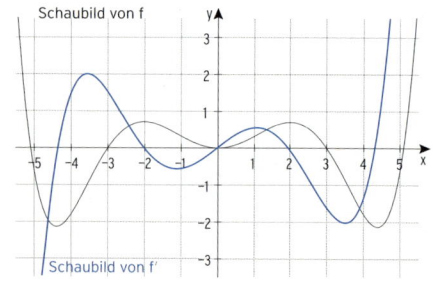

Schaubild von f

Schaubild von f′

14

---

4. Die Abbildungen zeigen die Schaubilder K von f, G von g und H von h und die Schaubilder der zugehörigen Ableitungsfunktionen. Ordnen Sie zu und begründen Sie.

a)

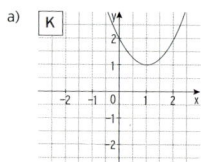
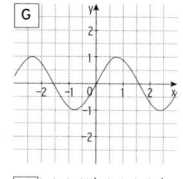
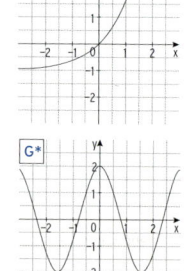

Begründung, z.B.: In x = 1: K hat eine waagrechte Tangente; K* von f′: f′(1) = 0
In x = 0: G hat die Steigung 2; G* von g′: g′(0) = 2
H hat nur positive Steigungen (H ist steigend); H* verläuft oberhalb der x-Achse.

b)

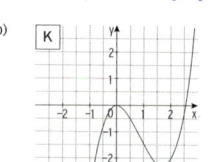
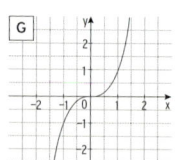
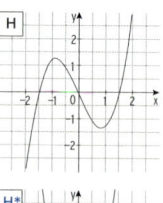
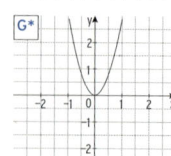
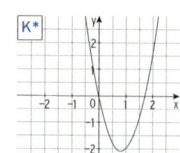
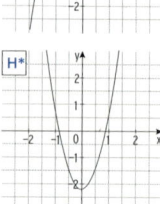

Begründung, z.B.: G hat keine negativen Steigungen; G* verläuft nicht unterhalb der x-Achse. In x = 0: K hat die Steigung 0; K* von f′: f′(0) = 0;
In x = 0: H hat die negative Steigung − 2,3 ; H* von h′: h′(0) = − 2,3.

15

1.4 Extrem- und Wendepunkte

Monotonie

1. Bestimmen Sie die Monotoniebereiche von f mit Hilfe der Abbildung.

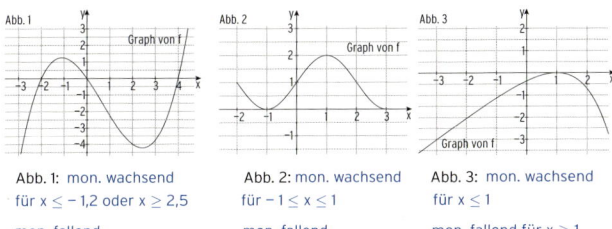

Abb. 1: mon. wachsend
für $x \leq -1{,}2$ oder $x \geq 2{,}5$

mon. fallend
für $-1{,}2 \leq x \leq 2{,}5$

Abb. 2: mon. wachsend
für $-1 \leq x \leq 1$

mon. fallend
für $x \leq -1$ oder $x \geq 1$

Abb. 3: mon. wachsend
für $x \leq 1$

mon. fallend für $x \geq 1$

2. Zeigen Sie, f mit $f(x) = x^2 - 2x$; $x \in \mathbb{R}$, ist auf [1; 5] monoton wachsend.

Ableitung: $f'(x) = 2x - 2$

$f'(x) = 0$ für $x = 1$ (einzige Lösung, mit VZW)

Wegen $f'(2) = 2 > 0$ ist f für $x > 1$ monoton wachsend, also auf [1; 5] monoton wachsend.

3. Zeigen Sie, f mit $f(x) = -x^3 + 2x^2 - 3$; $x \in \mathbb{R}$, ist für $x < 0$ monoton fallend.
Ableitung: $f'(x) = -3x^2 + 4x$

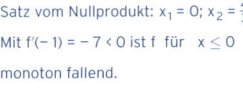

$f'(x) = 0$ $x(-3x + 4) = 0$
Satz vom Nullprodukt: $x_1 = 0$; $x_2 = \frac{4}{3}$

Mit $f'(-1) = -7 < 0$ ist f für $x \leq 0$

monoton fallend.

4. Zeigen Sie, f mit $f(x) = \frac{1}{4} e^{1-2x} + 1$; $x \in \mathbb{R}$, ist auf $\mathbb{R}$ monoton fallend.

Ableitung: $f'(x) = -\frac{1}{2} e^{1-2x}$

Wegen $e^{1-2x} > 0$ ist $f'(x) < 0$ für $x \in \mathbb{R}$.

f ist auf $\mathbb{R}$ monoton fallend.

16

Extrempunkte

5. Gegeben ist die Funktion f. Das Schaubild von f heißt K. Berechnen Sie die Koordinaten der Hoch- und Tiefpunkte von K.

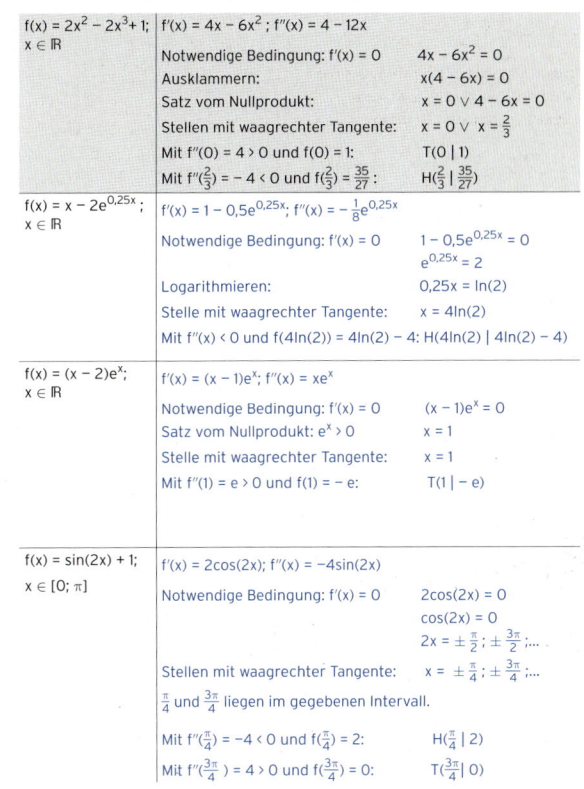

$f(x) = 2x^2 - 2x^3 + 1$; $x \in \mathbb{R}$

$f'(x) = 4x - 6x^2$; $f''(x) = 4 - 12x$

Notwendige Bedingung: $f'(x) = 0$	$4x - 6x^2 = 0$
Ausklammern:	$x(4 - 6x) = 0$
Satz vom Nullprodukt:	$x = 0 \vee 4 - 6x = 0$
Stellen mit waagrechter Tangente:	$x = 0 \vee x = \frac{2}{3}$
Mit $f''(0) = 4 > 0$ und $f(0) = 1$:	$T(0 \mid 1)$
Mit $f''(\frac{2}{3}) = -4 < 0$ und $f(\frac{2}{3}) = \frac{35}{27}$:	$H(\frac{2}{3} \mid \frac{35}{27})$

$f(x) = x - 2e^{0,25x}$; $x \in \mathbb{R}$

$f'(x) = 1 - 0{,}5e^{0,25x}$; $f''(x) = -\frac{1}{8}e^{0,25x}$

Notwendige Bedingung: $f'(x) = 0$	$1 - 0{,}5e^{0,25x} = 0$
	$e^{0,25x} = 2$
Logarithmieren:	$0{,}25x = \ln(2)$
Stelle mit waagrechter Tangente:	$x = 4\ln(2)$
Mit $f''(x) < 0$ und $f(4\ln(2)) = 4\ln(2) - 4$:	$H(4\ln(2) \mid 4\ln(2) - 4)$

$f(x) = (x - 2)e^x$; $x \in \mathbb{R}$

$f'(x) = (x - 1)e^x$; $f''(x) = xe^x$

Notwendige Bedingung: $f'(x) = 0$	$(x - 1)e^x = 0$
Satz vom Nullprodukt: $e^x > 0$	$x = 1$
Stelle mit waagrechter Tangente:	$x = 1$
Mit $f''(1) = e > 0$ und $f(1) = -e$:	$T(1 \mid -e)$

$f(x) = \sin(2x) + 1$; $x \in [0; \pi]$

$f'(x) = 2\cos(2x)$; $f''(x) = -4\sin(2x)$

Notwendige Bedingung: $f'(x) = 0$	$2\cos(2x) = 0$
	$\cos(2x) = 0$
	$2x = \pm\frac{\pi}{2}; \pm\frac{3\pi}{2}; \dots$
Stellen mit waagrechter Tangente:	$x = \pm\frac{\pi}{4}; \pm\frac{3\pi}{4}; \dots$

$\frac{\pi}{4}$ und $\frac{3\pi}{4}$ liegen im gegebenen Intervall.

Mit $f''(\frac{\pi}{4}) = -4 < 0$ und $f(\frac{\pi}{4}) = 2$:	$H(\frac{\pi}{4} \mid 2)$
Mit $f''(\frac{3\pi}{4}) = 4 > 0$ und $f(\frac{3\pi}{4}) = 0$:	$T(\frac{3\pi}{4} \mid 0)$

17

Krümmung

6. Bestimmen Sie die Krümmungsbereiche des Graphen von f mit Hilfe der Abbildung.

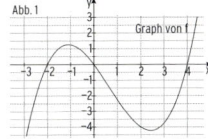 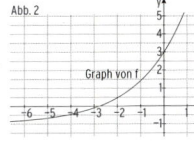 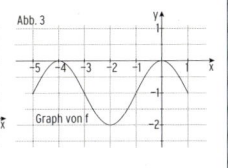

Abb. 1: Der Graph ist eine Rechtskurve für $x < 1$, eine Linkskurve für $x > 1$.

Abb. 2: Der Graph ist eine Linkskurve für $x \in \mathbb{R}$.

Abb. 3: Der Graph ist eine Rechtskurve für $-5 < x < -3$ und für $-1 < x < 1$, eine Linkskurve für $-3 < x < -1$.

7. Gegeben ist die Funktion f mit $f(x) = x^3 - 2x^2 - 3x$; $x \in \mathbb{R}$. Untersuchen Sie das Schaubild von f auf Krümmung.

Ableitungen: $f'(x) = 3x^2 - 4x - 3$; $f''(x) = 6x - 4$; $f'''(x) = 6 \neq 0$

$f''(x) = 0$ für $x = \frac{2}{3}$ einzige einfache Lösung, also mit VZW (Krümmungswechsel)
Wegen $f''(0) = -4$ ist das Schaubild von f für $x < \frac{2}{3}$ rechtsgekrümmt;
für $x > \frac{2}{3}$ linksgekrümmt;

8. Zeigen Sie, das Schaubild von f mit $f(x) = \frac{1}{4}(x^4 - 8x^2 - 1)$; $x \in \mathbb{R}$, ist für $x \in [-1; 1]$ rechtsgekrümmt.

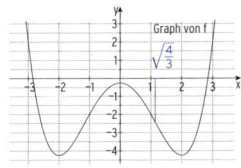

Ableitungen: $f'(x) = x^3 - 4x$;

$f''(x) = 3x^2 - 4$; $f'''(x) = 6x$

$f''(x) = 0$ $x^2 = \frac{4}{3} \Rightarrow x = \pm\sqrt{\frac{4}{3}}$ (einfache Nullstellen von f''; $\sqrt{\frac{4}{3}} > 1$)

Mit $f''(0) = -4 < 0$ gilt: Das Schaubild von f ist für $x \in [-1; 1]$ rechtsgekrümmt.

(Das Schaubild von f ist symmetrisch zur y-Achse.)

9. Zeigen Sie, das Schaubild von f mit $f(x) = \frac{1}{2}e^{-x} + x$; $x \in \mathbb{R}$, ist linksgekrümmt auf $\mathbb{R}$.

Ableitungen: $f'(x) = -\frac{1}{2}e^{-x} + 1$; $f''(x) = \frac{1}{2}e^{-x}$

Wegen $e^{-x} > 0$ ist $f''(x) > 0$ für $x \in \mathbb{R}$

Das Schaubild von f ist auf $\mathbb{R}$ eine Linkskurve (linksgekrümmt).

18

Wendepunkte

10. Gegeben ist die Funktion f. Das Schaubild von f heißt K. Berechnen Sie die Koordinaten der Wendepunkte von K.

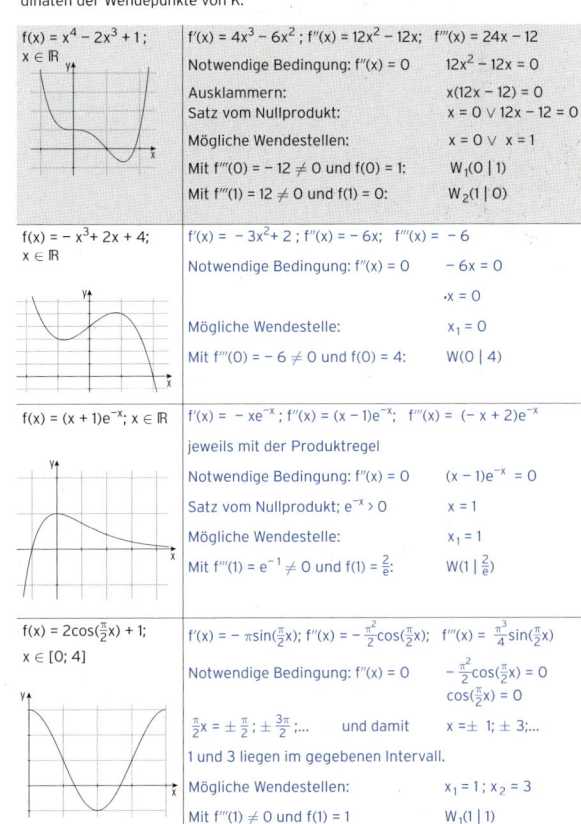

$f(x) = x^4 - 2x^3 + 1$; $x \in \mathbb{R}$

$f'(x) = 4x^3 - 6x^2$; $f''(x) = 12x^2 - 12x$; $f'''(x) = 24x - 12$

Notwendige Bedingung: $f''(x) = 0$	$12x^2 - 12x = 0$
Ausklammern:	$x(12x - 12) = 0$
Satz vom Nullprodukt:	$x = 0 \vee 12x - 12 = 0$
Mögliche Wendestellen:	$x = 0 \vee x = 1$
Mit $f'''(0) = -12 \neq 0$ und $f(0) = 1$:	$W_1(0 \mid 1)$
Mit $f'''(1) = 12 \neq 0$ und $f(1) = 0$:	$W_2(1 \mid 0)$

$f(x) = -x^3 + 2x + 4$; $x \in \mathbb{R}$

$f'(x) = -3x^2 + 2$; $f''(x) = -6x$; $f'''(x) = -6$

Notwendige Bedingung: $f''(x) = 0$	$-6x = 0$
	$x = 0$
Mögliche Wendestelle:	$x_1 = 0$
Mit $f'''(0) = -6 \neq 0$ und $f(0) = 4$:	$W(0 \mid 4)$

$f(x) = (x + 1)e^{-x}$; $x \in \mathbb{R}$

$f'(x) = -xe^{-x}$; $f''(x) = (x - 1)e^{-x}$; $f'''(x) = (-x + 2)e^{-x}$

jeweils mit der Produktregel

Notwendige Bedingung: $f''(x) = 0$	$(x - 1)e^{-x} = 0$
Satz vom Nullprodukt: $e^{-x} > 0$	$x = 1$
Mögliche Wendestelle:	$x_1 = 1$
Mit $f'''(1) = e^{-1} \neq 0$ und $f(1) = \frac{2}{e}$:	$W(1 \mid \frac{2}{e})$

$f(x) = 2\cos(\frac{\pi}{2}x) + 1$; $x \in [0; 4]$

$f'(x) = -\pi\sin(\frac{\pi}{2}x)$; $f''(x) = -\frac{\pi^2}{2}\cos(\frac{\pi}{2}x)$; $f'''(x) = \frac{\pi^3}{4}\sin(\frac{\pi}{2}x)$

Notwendige Bedingung: $f''(x) = 0$	$-\frac{\pi^2}{2}\cos(\frac{\pi}{2}x) = 0$
	$\cos(\frac{\pi}{2}x) = 0$
$\frac{\pi}{2}x = \pm\frac{\pi}{2}; \pm\frac{3\pi}{2}; \dots$ und damit	$x = \pm 1; \pm 3; \dots$

1 und 3 liegen im gegebenen Intervall.

Mögliche Wendestellen:	$x_1 = 1$; $x_2 = 3$
Mit $f'''(1) \neq 0$ und $f(1) = 1$	$W_1(1 \mid 1)$
Mit $f'''(3) \neq 0$ und $f(3) = 1$	$W_2(3 \mid 1)$

19

85

Lösungen

· · · · ·

---

11. Die Abbildung zeigt das Schaubild der 1. Ableitungsfunktion einer Funktion f. Begründen Sie mithilfe der Zeichnung, dass das Schaubild von f einen Hoch-, einen Tief- und einen Wendepunkt mit positiver Steigung besitzt.

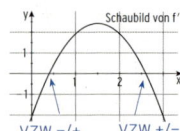

Lösung: Das Schaubild von f' schneidet die x-Achse zweimal mit VZW, also hat das Schaubild von f einen Tief- und einen Hochpunkt. Das Schaubild von f' hat einen Hochpunkt oberhalb der x-Achse, also hat das Schaubild von f einen Wendepunkt mit positiver Steigung.

---

12. Gegeben ist die Funktion f. Das Schaubild von f heißt K. Zeigen Sie, W ist Wendepunkt von K. Berechnen Sie die Gleichung der Wendetangente an K in W.

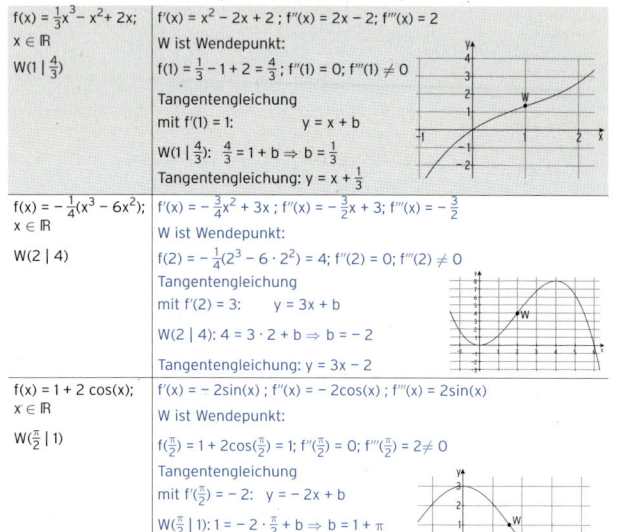

$f(x) = \frac{1}{3}x^3 - x^2 + 2x$; $x \in \mathbb{R}$
$W(1 \mid \frac{4}{3})$

$f'(x) = x^2 - 2x + 2$; $f''(x) = 2x - 2$; $f'''(x) = 2$

W ist Wendepunkt:

$f(1) = \frac{1}{3} - 1 + 2 = \frac{4}{3}$; $f''(1) = 0$; $f'''(1) \neq 0$

Tangentengleichung

mit $f'(1) = 1$: $y = x + b$

$W(1 \mid \frac{4}{3})$: $\frac{4}{3} = 1 + b \Rightarrow b = \frac{1}{3}$

Tangentengleichung: $y = x + \frac{1}{3}$

$f(x) = -\frac{1}{4}(x^3 - 6x^2)$; $x \in \mathbb{R}$
$W(2 \mid 4)$

$f'(x) = -\frac{3}{4}x^2 + 3x$; $f''(x) = -\frac{3}{2}x + 3$; $f'''(x) = -\frac{3}{2}$

W ist Wendepunkt:

$f(2) = -\frac{1}{4}(2^3 - 6 \cdot 2^2) = 4$; $f''(2) = 0$; $f'''(2) \neq 0$

Tangentengleichung

mit $f'(2) = 3$: $y = 3x + b$

$W(2 \mid 4)$: $4 = 3 \cdot 2 + b \Rightarrow b = -2$

Tangentengleichung: $y = 3x - 2$

$f(x) = 1 + 2\cos(x)$; $x \in \mathbb{R}$
$W(\frac{\pi}{2} \mid 1)$

$f'(x) = -2\sin(x)$; $f''(x) = -2\cos(x)$; $f'''(x) = 2\sin(x)$

W ist Wendepunkt:

$f(\frac{\pi}{2}) = 1 + 2\cos(\frac{\pi}{2}) = 1$; $f''(\frac{\pi}{2}) = 0$; $f'''(\frac{\pi}{2}) = 2 \neq 0$

Tangentengleichung

mit $f'(\frac{\pi}{2}) = -2$: $y = -2x + b$

$W(\frac{\pi}{2} \mid 1)$: $1 = -2 \cdot \frac{\pi}{2} + b \Rightarrow b = 1 + \pi$

Tangentengleichung: $y = -2x + 1 + \pi$

---

13. Gegeben ist das Schaubild K der Funktion f. Tragen Sie die wichtigen Punkte ein und lesen Sie die Koordinaten ab. Bestimmen Sie mithilfe der Abbildung die Bereiche, in denen K von f steigend ist bzw. die Bereiche, in denen K von f rechtsgekrümmt ist.

a)

Wichtige Punkte: $H(0,5 \mid 0,3)$;

$T(3,5 \mid -4,3)$; $W(2 \mid -2)$

steigend für $x \leq 0,5 \lor x \geq 3,5$

rechtsgekrümmt für $x < 2$

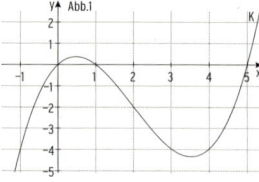

b)

Wichtige Punkte: $H(1 \mid 4,7)$;

$T_1(-1 \mid 0,8)$; $T_2(3 \mid 0,8)$

$W_1(0 \mid 3)$; $W_2(2 \mid 3)$

steigend für $-1 \leq x \leq 1 \lor x \geq 3$

rechtsgekrümmt für $0 < x < 2$

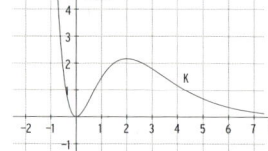

c)

Wichtige Punkte: $T(0 \mid 0)$; $H(2 \mid 2,2)$;

$W_1(0,7 \mid 1)$; $W_2(4 \mid 1,2)$

steigend für $0 \leq x \leq 2$

rechtsgekrümmt für $0,7 < x < 4$

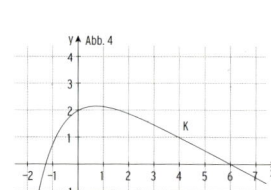

d)

Wichtige Punkte: $H(0,6 \mid 2,2)$

steigend für $x \leq 0,6$

rechtsgekrümmt für $x \in \mathbb{R}$

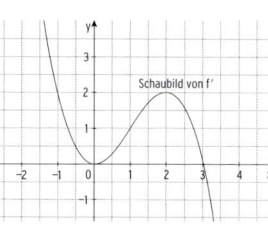

---

14. Die Abbildungen zeigen Schaubilder von drei Funktionen sowie deren zugehörige erste und zweite Ableitung. Ordnen Sie jeweils dem Schaubild der Funktion das Schaubild ihrer ersten und zweiten Ableitung zu und begründen Sie Ihre Wahl.

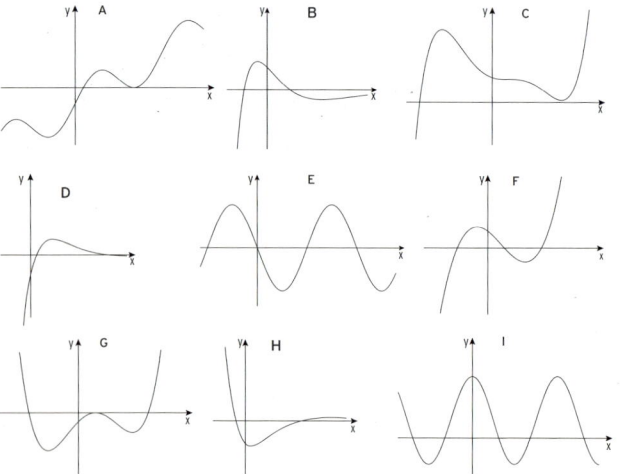

Zuordnung: Funktion: A   1. Ableitung: I   2. Ableitung: E

ebenso: B; H; D

ebenso: C; G; F

Begründung für die Zuordnung A; I; E:

A hat in x = 0 einen Wendepunkt; I hat einen Hochpunkt in x = 0 und E schneidet in x = 0 die x-Achse mit VZW −/+.

Begründung für die Zuordnung B; H; D:

B hat einen Hochpunkt und einen Tiefpunkt; H hat zwei Nullstellen mit VZW; H hat einen Tiefpunkt und D schneidet die x-Achse mit VZW − /+.

Begründung für die Zuordnung C; G; F:

C hat einen Sattelpunkt; an dieser Stelle hat G einen Tiefpunkt auf der x-Achse und F schneidet die x-Achse mit VZW +/−.

---

15. Gegeben ist das Schaubild der Ableitungsfunktion f' für $1,4 \leq x \leq 3,2$. Die nachfolgenden Aussagen sind entweder wahr oder falsch. Entscheiden Sie. Begründen Sie Ihre Entscheidung.

Aussage	(w)	(f)	Begründung
Das Schaubild von f hat genau drei Extrempunkte.		☒	Das Schaubild von f' hat zwei gemeinsame Punkte mit der x-Achse, also hat der Graph von f höchstens 2 Extrempunkte.
Das Schaubild von f hat genau drei Wendepunkte.		☒	Das Schaubild von f' hat zwei Extrempunkte, also hat der Graph von f höchstens 2 Wendepunkte.
Das Schaubild von f hat einen Sattelpunkt auf der y-Achse.	☒		Das Schaubild von f' hat einen Extrempunkt auf der x-Achse.
$f'(x) < 2$		☒	Das Schaubild von f' hat Punkte mit y > 2. (z.B. $f'(-1,5) > 2$)
$f'(2,5) > 0$	☒		Der Graph von f' verläuft in x = 2,5 oberhalb der x-Achse, $f'(2,5) \approx 1,5 > 0$
$f''(3) > 0$		☒	Das Schaubild von f' hat in x = 3 eine negative Steigung, also $f''(3) < 0$.
Das Schaubild von f ist symmetrisch zur y-Achse.		☒	Das Schaubild von f' ist nicht punktsymmetrisch zu einem Punkt auf der y-Achse.
Das Schaubild von f ist bei x = −1 monoton steigend.	☒		Das Schaubild von f' verläuft in x = −1 oberhalb der x-Achse.
$f(2) > f(0)$	☒		Das Schaubild von f' verläuft von 0 bis 2 oberhalb der x-Achse, das Schaubild von f ist also monoton steigend.
Das Schaubild von f verläuft in $P(2 \mid f(2))$ steiler als die 1. Winkelhalbierende.	☒		$f'(2) = 2 > 1$

16. Gegeben ist das Schaubild der Funktion f für $x \in [-4; 2]$.
Die nachfolgenden Aussagen sind entweder wahr oder falsch. Entscheiden Sie. Begründen Sie Ihre Entscheidung.

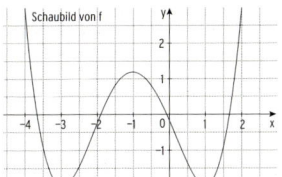

Aussage	Bewertung	Begründung
f ' besitzt genau drei Nullstellen.	☒ (w) ☐ (f)	Das Schaubild von f hat 3 Extrempunkte.
Das Schaubild von f hat genau einen Wendepunkt.	☐ (w) ☒ (f)	Das Schaubild von f hat 2 Wendepunkte (Achsensymmetrie)
f ' hat eine doppelte Nullstelle.	☐ (w) ☒ (f)	Das Schaubild von f hat keinen Sattelpunkt.
Das Schaubild von f' verläuft bei $x = -0,5$ oberhalb der x-Achse.	☐ (w) ☒ (f)	Das Schaubild von f ist bei $x = -0,5$ fallend; $f'(-0,5) \approx -2$
$f'(-1,5) > 0$	☒ (w) ☐ (f)	Das Schaubild von f ist bei $x = -1,5$ steigend.
$f''(-1,5) > 0$	☐ (w) ☒ (f)	Das Schaubild von f ist bei $x = -1,5$ rechtsgekrümmt, d. h $f''(-1,5) < 0$
Das Schaubild von f' ist symmetrisch zum Ursprung.	☐ (w) ☒ (f)	Das Schaubild von f ist nicht symmetrisch zur y-Achse.
$f''(-1,5) < f''(1)$	☒ (w) ☐ (f)	Das Schaubild von f ist bei $x = -1,5$ rechtsgekrümmt ($f''(-1,5) < 0$) und bei $x = 1$ linksgekrümmt ($f''(1) > 0$).
Die Tangente an das Schaubild von f an der Stelle $x = -2$ hat die Steigung 1.	☐ (w) ☒ (f)	Das Schaubild von f hat in $x = -2$ eine Steigung größer als 1, $f'(-2) \approx 3,5$

24

17. Gegeben ist das Schaubild der Funktion f sowie das Schaubild der zugehörigen Ableitungsfunktion f'.
Beide Schaubilder sind hier unvollständig gezeichnet:

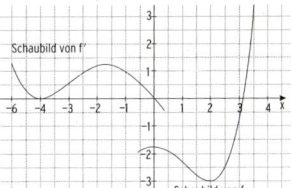

Begründen Sie für jede der folgenden Aussagen, ob sie wahr oder falsch ist.

Aussage	Bewertung	Begründung
$x = 2$ ist eine Nullstelle von f'.	☒ (w) ☐ (f)	Das Schaubild von f hat in $x = 2$ einen Tiefpunkt.
Das Schaubild von f hat bei $x \approx 1,7$ einen Wendepunkt.	☐ (w) ☒ (f)	Das Schaubild von f ist linksgekrümmt bei $x \approx 1,7$.
Das Schaubild von f hat an der Stelle $x = -4$ einen Tiefpunkt.	☐ (w) ☒ (f)	f'(x) wechselt bei $x = -4$ das Vorzeichen nicht.
Das Schaubild von f' geht durch den Punkt $P(2,5 \mid 0,5)$.	☐ (w) ☒ (f)	Das Schaubild von f hat in $x = 2,5$ eine Steigung größer als 0,5.

18. Vervollständigen Sie folgende Aussagen.

a) Eine Polynomfunktion 4. Grades hat höchstens **3** Extremstellen, denn ihre Ableitung ist vom Grad **3**.

b) Die Funktion f mit $f(x) = e^x + x$; $x \in \mathbb{R}$, ist monoton **wachsend**, denn ihre Ableitung ist stets **positiv**.

c) Die Funktion g mit $g(x) = \cos(\frac{\pi}{2}x)$; $x \in \mathbb{R}$, hat im Intervall [0; 12] **6** Nullstellen, und diese Funktion hat die Periode **4**.

d) Das Schaubild der Funktion h mit $h(x) = 2\cos(x + \frac{\pi}{3})$; $x \in \mathbb{R}$, entsteht aus dem Schaubild der Funktion f mit $f(x) = \cos(x)$; $x \in \mathbb{R}$, durch Streckung mit dem Faktor **2** in y-Richtung und durch Verschiebung um $\frac{\pi}{3}$ nach **links**.

25

1.5 Aufstellen von Funktionstermen

1. Formulieren Sie Bedingungen mithilfe des Textes. Das Schaubild von f ...

hat den Hochpunkt H(2 | 3).	$f(2) = 3$ und $f'(2) = 0$
hat den Wendepunkt W(−1 | 6).	$f(-1) = 6$ und $f''(-1) = 0$
hat den Tiefpunkt T(−2 | 1).	$f(-2) = 1$ und $f'(-2) = 0$
berührt die x-Achse an der Stelle $x = 5$.	$f(5) = 0$ und $f'(5) = 0$
hat an der Stelle $x = 1$ die Steigung −4.	$f'(1) = -4$
hat einen Extrempunkt an der Stelle $x = \sqrt{2}$.	$f'(\sqrt{2}) = 0$
hat an der Stelle $x = 0$ die Tangente mit der Gleichung $y = 3x - 4$.	$f(0) = -4$ und $f'(0) = 3$
verläuft an der Stelle $x = -4$ parallel zur 1. Winkelhalbierenden.	$f'(-4) = 1$
hat an den Stellen $x = 1$ und $x = 3$ dieselbe Steigung.	$f'(1) = f'(3)$
ist an der Stelle $x = 1$ rechtsgekrümmt.	$f''(1) < 0$

2. Das Schaubild der Funktion p mit $p(x) = ax^4 + cx^2 - \frac{7}{4}$ hat den Tiefpunkt $T(2 \mid -3)$.
Berechnen Sie die Werte von a und c und geben Sie den Funktionsterm an.

Ableitung: $p'(x) = 4ax^3 + 2cx$

Bedingungen: Lineares Gleichungssystem:
$T(2 \mid -3)$: $p(2) = -3$ $16a + 4c - \frac{7}{4} = -3 \Leftrightarrow 16a + 4c = -\frac{5}{4}$ (I)
$\quad\quad\quad p'(2) = 0$ $32a + 4c = 0$ (II)

Lösung des linearen Gleichungssystems:
Additionsverfahren: (I) − (II) $-16a = -\frac{5}{4}$
                                    $a = \frac{5}{64}$

Einsetzen in (II): $32 \cdot \frac{5}{64} + 4c = 0$
                                    $c = -\frac{5}{8}$

Funktionsterm: $p(x) = \frac{5}{64}x^4 - \frac{5}{8}x^2 - \frac{7}{4}$

26

3. Kreuzen Sie die für den Graph K von f zutreffende Bedingung an.

Bedingung	Option 1	Option 2
$P(2 \mid -3)$ liegt auf dem Graph K von f.	☐ $f'(2) = -3$	☒ $f(2) = -3$
K hat einen Wendepunkt $W(-4 \mid 1)$.	☐ $f'(-4) = 1$	☒ $f''(-4) = 0$
K hat einen Hochpunkt in $x = 5$.	☒ $f'(5) = 0$	☐ $f''(5) = 1$
K hat an der Stelle $x = 1$ die Steigung 1.	☐ $f'(1) = 0$	☒ $f'(1) = 1$
K ist an der Stelle $x = 1$ linksgekrümmt.	☐ $f''(1) = 0$	☒ $f''(1) > 0$
In $P(-2 \mid 5)$ wechselt K (bzw. f) das Monotonieverhalten.	☒ $f(-2) = 5$	☒ $f'(-2) = 0$
In $x = 1$ ist K steigend.	☒ $f'(1) > 0$	☐ $f'(1) = -2$

4. Formulieren Sie zum folgenden Aufschrieb eine geeignete Aufgabenstellung.

$f(x) = ax^3 + bx^2 + cx + d$

$f(x) = ax^3 + cx$; $f'(x) = 3ax^2 + c$

$f(2) = -3$ $8a + 2c = -3$

$f'(2) = 0$ $12a + c = 0$

Aufgabenstellung:
Das Schaubild einer Polynomfunktion 3. Grades ist symmetrisch zum Ursprung und hat in $P(2 \mid -3)$ einen Extrempunkt. Stellen Sie ein geeignetes Gleichungssystem auf.

5. Das Schaubild einer Funktion f mit $f(x) = ae^{bx} + c$; $x \in \mathbb{R}$, hat die waagrechte Asymptote mit der Gleichung $y = 3$. Der Graph von f schneidet die y-Achse in $S(0 \mid 1)$ mit der Steigung 2.

Ableitung: $f'(x) = abe^{bx}$

Bedingungen: Gleichungssystem
Asymptote: $y = 3$ $c = 3$
$S(0 \mid 1)$: $f(0) = 1$ $a + c = 1$
Steigung 2: $f'(0) = 2$ $ab = 2$

Lösung des Gleichungssystems: mit c = 3: $a = -2$
                                mit a = −2: $b = -1$

Funktionsterm: $f(x) = -2e^{-x} + 3$

27

Lösungen

6. Eine Funktion f hat folgende Eigenschaften:

(1) f(2) = 1

(2) f'(2) = 0

(3) f''(4) = 0 und f'''(4) ≠ 0

(4) Für x →∞ und x → − ∞ gilt: f(x) → 5

Beschreiben Sie für jede dieser vier Eigenschaften, welche Bedeutung sie für den Graphen von f hat. Skizzieren Sie einen möglichen Verlauf des Graphen.

Lösung:

(1) P(2 |1) ist ein Kurvenpunkt

(2) Waagrechte Tangente in x = 2

(3) x = 4 ist eine Wendestelle

(4) g: y = 5 ist waagrechte Asymptote

Skizze:

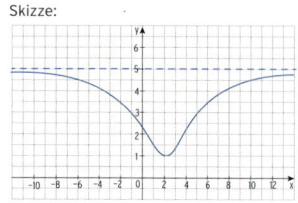

7. Bestimmen Sie den Funktionsterm mithilfe der Abbildung.

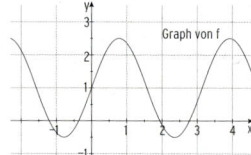

Ansatz: f(x) = asin(bx) + d

Amplitude: 1,5

Periode: p = π

$p = \frac{2\pi}{b}$ ergibt b = 2

Mittellinie: y = 1

Funktionsterm: f(x) = 1,5sin(2x) + 1

Ansatz: g(x) = acos(bx) + d

Amplitude: 2

Periode: p = 4

$p = \frac{2\pi}{b}$ ergibt $b = \frac{\pi}{2}$

Mittellinie: y = 1,5

Funktionsterm: g(x) = 2cos($\frac{\pi}{2}$x) + 1,5

8. Eine der folgenden Abbildungen gehört zum Schaubild der Funktion f
mit f(x) = x(x − b)(x − 2b); x ∈ ℝ.
Bestimmen Sie den entsprechenden Wert für b und begründen Sie, dass die beiden anderen Abbildungen nicht zu einem Schaubild von f gehören können.

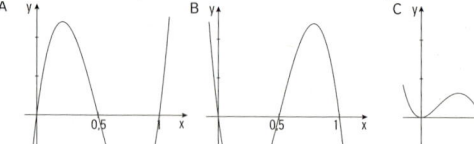

Lösung: b = 0,5

Begründung: Der Graph von f verläuft vom 3. in das 1. Feld.
Nur das Schaubild in Abb. A erfüllt die Bedingung.

9. Bei der Überprüfung der Kosten- und Gewinnsituation erhält die Buchhaltung folgende Angaben: Die Gesamtkosten lassen sich beschreiben durch die Funktion K mit K(x) = x³ − 6x² + cx + d, wobei x die produzierte Menge in Mengeneinheiten (ME) bezeichnet. Bei einer Produktionsmenge von 4 ME betragen die Stückkosten 10 Geldeinheiten (GE) und der momentane Kostenzuwachs liegt bei 15 GE/ME.

Ermitteln Sie eine Polynomfunktion dritten Grades, die den Zusammenhang zwischen Produktionsmenge und Gesamtkostenfunktion beschreibt.

K(x) = x³ − 6x² + cx + d ⇒ K'(x) = 3x² − 12x + c

Bedingungen: Lineares Gleichungssystem:

$k(4) = \frac{K(4)}{4} = 10 ⇒ K(4) = 40$ 64 − 96 + 4c + d = 40 ⇔ 4c + d = 72

K'(4) = 15   c = 15

c = 15 eingesetzt ergibt   d = 12

Lösung des linearen Gleichungssystems: c = 15; d = 12

Funktionsterm: K(x) = x³ − 6x² + 15x + 12

10. Die in der Abbildung dargestellten Punkte P_1, P_2, P_3, P_4 und P_5 haben ganzzahlige Koordinaten.

Begründen Sie, dass man durch die Punkte sowohl das Schaubild einer Polynomfunktion dritten Grades als auch das Schaubild einer trigonometrischen Funktion legen kann und geben Sie jeweils einen Funktionsterm an.

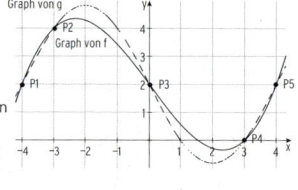

Begründung: Verschiebt man alle Punkte um 2 nach unten, so liegt P_3 im Ursprung. P_1 und P_5 sowie P_2 und P_4 liegen jeweils punktsymmetrisch dazu, also sind durch die Punkte neben der Symmetrie zwei Bedingungen vorgegeben. Daher kann man sowohl das Schaubild einer Polynomfunktion 3. Grades vom Typ f(x) = ax(x² − b) als auch das Schaubild einer trigonometrischen Funktion vom Typ g(x) = asin(bx) durch die verschobenen Punkte legen. Somit lassen sich auch die gewünschten Schaubilder durch die gegebenen Punkte legen. (Zeichnung nicht verlangt.)

Funktionsterme: $f(x) = \frac{2}{21}x(x^2 − 16) + 2$ a durch Punktprobe mit $P_2(−3|4)$

$g(x) = −\frac{4}{\sqrt{2}}\sin(\frac{\pi}{4}x) + 2$; Periode 8 ⇒ $b = \frac{\pi}{4}$; a durch Punktprobe mit P_2. $(\sin(−\frac{3}{4}\pi) = −\frac{\sqrt{2}}{2})$

11. Die unten stehende Wertetabelle gehört zu einer ganzrationalen Funktion g.

x	− 2	− 1	0	1	2	3	4
g(x)	− 4	0	− 2	− 4	0	16	50
g'(x)	9	0	− 3	0	9	24	45
g''(x)	− 12	− 6	0	3	6	18	24

Das zugehörige Schaubild K besitzt ...

die gemeinsamen Punkte mit der x-Achse:

$N_{1|2}$ (− 1 | 0); N_3 (2 | 0)

den Schnittpunkt mit der y-Achse: $S_y(0|−2)$

den Hochpunkt: H(− 1 | 0)

den Tiefpunkt: T(1 | − 4)

den Wendepunkt: W(0|− 2)

Die Funktion muss mindestens den Grad 3 haben, da K mindestens einen Wendepunkt hat.

Skizze des zugehörigen Schaubilds:

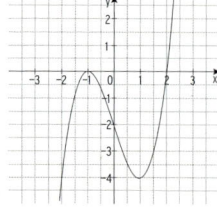

1.6 Modellierung

1. Eine heisse Pizza wird aus dem Ofen genommen und auf einen Teller gelegt. Die Tabelle enthält die Temperatur der Pizza zu verschiedenen Zeitpunkten.

Zeit t (in min)	0	5	10	15	20	25	30
Temperatur in °C	175	82,8	46,4	31,1	25,1	21,8	20,7

a) Stellen Sie den Abkühlungsprozess im Koordinatensystem dar.

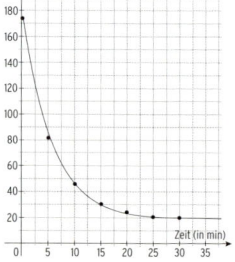

b) Berechnen Sie die mittlere Änderungsrate in den ersten 5 Minuten.

$\frac{82,8 − 175}{5 − 0} = − 18,44$; Abnahme um 18,44°C/min

c) Berechnen Sie die mittlere Änderungsrate zwischen der 15. und 20. Minute.

$\frac{25,1 − 31,1}{20 − 15} = − 1,2$; Abnahme um 1,2°C/min

d) Die mittlere Änderungsrate ist negativ, da die Temperatur sinkt.

e) Begründen Sie anhand der obigen Wertetabelle, dass der Vorgang nicht durch eine Funktion f mit f(t) = a · e^{kt} bzw. f(t) = a · b^t modelliert werden kann.
Begründung durch Rechnung: Die prozentuale Temperaturverringerung beträgt in den ersten 5 Minuten $\frac{18,44}{175} = 0,105 = 10,5$ % pro Minute und von der 15. bis zur 20. Minute $\frac{1,2}{31,1} = 0,039 = 3,9$ % pro Minute. Da dieser Wert nicht konstant ist, kann der Prozess nicht durch einen solchen Funktionsterm modelliert werden.
Begründung durch Argumentation: Ein solcher Funktionsterm ist zur Modellierung ungeeignet, da die x-Achse Asymptote ist und sich die Temperatur somit langfristig dem Wert 0°C annähern würde, was unrealistisch ist.

f) Nehmen Sie eine Zimmertemperatur von 20 °C an und ermitteln Sie einen geeigneten Funktionsterm durch Regression. Da der WTR durch Regression nur einen Funktionsterm der Form f(t) = a · e^{kt} bzw. f(t) = a · b^t ermitteln kann, müssen bei der Eingabe alle Temperaturwerte um 20°C vermindert werden.

Insgesamt erhält man: f(t) = 157,942 · 0,837^t + 20.

1. g) Lisa behauptet: „Die Pizza kühlt nicht mehr als 25 °C pro Minute ab". Bestätigen oder widerlegen Sie diese Behauptung rechnerisch, anhand der Funktion f .
Die stärkste Abkühlung findet zwischen t = 0 und t = 1 statt.
Hier beträgt die Abkühlung: $f(0) - f(1) = 157{,}942 + 20 - (157{,}942 \cdot 0{,}837^1 + 20)$
$= 177{,}942 - 152{,}197 = 25{,}745$
Die stärkste Abkühlung beträgt 25,745°C pro Minute.
Somit ist die Behauptung falsch.

h) Beurteilen Sie die Modellierung des Abkühlungsprozesses durch die Funktion f.

Bei der Regression erhält man für das Bestimmtheitsmaß r^2 einen Wert nahe bei 1 ($r^2 = 0{,}999$). Das Schaubild beschreibt die Daten also sehr gut. Langfristig wird die Pizza die Zimmertemperatur annehmen. Das Modell ist geeignet.

2. Ordnen Sie durch Pfeile zu.

Bedeutung von f(x)	Bedeutung von f'(x)
Tankinhalt	Zufluss- bzw. Abflussgeschwindigkeit
Höhe einer Pflanze	Grenzkosten
Wassermenge in der Badewanne	Momentaner Krafstoffverbrauch
Produktionskosten	Momentane Stromstärke
Vorhandene Ladung	Wachstumsgeschwindigkeit
Gesamtabsatz	Absatzzahlen pro Woche
Anzahl der vorhandenen Atome	Leistung
Energie	Zerfallsrate
Gefahrene Strecke	Geschwindigkeit

32

3. Ein Zug fährt ab. Innerhalb der ersten 60 Sekunden kann die zurückgelegte Strecke s (in m) in Abhängigkeit von der Zeit t (in s) durch die Funktion s mit $s = \frac{1}{4}t^2$ dargestellt werden.

a) Stellen Sie den Vorgang im Koordinatensystem dar.

b) Berechnen Sie die mittlere Änderungsrate von s in den ersten 2 Sekunden und in den nächsten 2 Sekunden.

$\frac{s(2) - s(0)}{2 - 0} = \frac{1 - 0}{2} = \frac{1}{2}$;
Zunahme um 0,5 m pro s.

$\frac{s(4) - s(2)}{4 - 2} = \frac{4 - 1}{2} = \frac{3}{2}$
Zunahme um 1,5 m pro s.

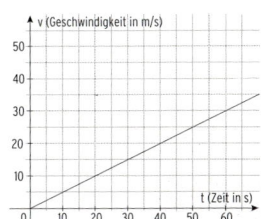

c) Die mittlere Änderungsrate von s gibt die durchschnittliche Geschwindigkeit des Zuges im entsprechenden Zeitraum an.

Die mittlere Änderungsrate [×] steigt / [ ] fällt , somit nimmt die Geschwindigkeit zu.

d) Berechnen Sie die momentane Geschwindigkeit des Zuges nach 20 s (näherungsweise), mithilfe der mittleren Änderungsrate im Intervall [19,9; 20,1]:

$\frac{s(20{,}1) - s(19{,}9)}{20{,}1 - 19{,}9} = \frac{101{,}0025 - 99{,}0025}{0{,}2} = 10$; momentane Geschwindigkeit $10 \frac{m}{s}$

e) Berechnen Sie die momentane Geschwindigkeit des Zuges nach 20 s mit Hilfe der Ableitungsfunktion. Es gilt $s'(t) = v(t) = 0{,}5t$
und somit $v(20) = 10$; also $10 \frac{m}{s}$

f) Stellen Sie die Entwicklung der momentanen Geschwindigkeit des Zuges im Koordinatensystem dar.

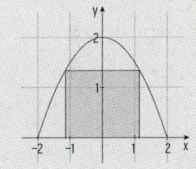

33

4. Die Länge des Tages, d. h. die Zeit zwischen dem Sonnenaufgang und dem Sonnenuntergang, verändert sich im Laufe des Tages. Die Tageslänge lässt sich an vielen Orten näherungsweise durch folgenden Funktionsterm beschreiben:

$$f(t) = a \cdot \sin(\tfrac{2\pi}{360}(t - b)) + c.$$

In Flensburg dauert der längste Tag 17 Stunden und 19 Minuten, der kürzeste Tag 7 Stunden und 13 Minuten. Am 10. April beträgt dort die Tageslänge 13 Stunden und 50 Minuten.
Zeigen Sie, dass die Funktion f mit $f(t) = 5{,}05 \cdot \sin(\tfrac{2\pi}{360}(t - 81{,}76)) + 12{,}27$ die Tageslänge für Flensburg beschreibt.

Lösung: Periode p = 360 (1 Monat ≙ 30 Tage)

Amplitude $a = 0{,}5(y_{max} - y_{min}) = \frac{10\,h\,6\,min}{2} = \frac{10{,}1\,h}{2} = 5{,}05\,h$

10. April ≙ t = 100   f(100) = 13,85 ≙ 13 Stunden und 51 Minuten

5. Entscheiden Sie, ob die Funktion (üblicherweise) monoton wachsend oder monoton fallend ist, oder, ob diese keine Monotonie aufweist.

Beschreibung der Funktion	steigend	fallend	keine Monotonie
Gesamte verbrauchte Benzinmenge in Abhängigkeit der gefahrenen Strecke.	×		
Temperatur einer Pizza nach Entnahme aus dem Ofen.		×	
Luftdruck in Abhängigkeit der Höhe über dem Erdboden.		×	
Geschwindigkeit beim Beschleunigungsrennen.	×		
Gemessene Außentemperatur im Laufe eines Tages.			×
Wasserstand in einer Badewanne, während diese befüllt wird.	×		
Wasserdruck in Abhängigkeit von der Wassertiefe.	×		
Menge des vorhandenen Taschengeldes seit Monatsbeginn.		×	

34

Extremwertaufgaben

6. Aus einem Werkstück soll ein Rechteck herausgefräst werden. Die Berandung des Werkstücks wird beschrieben durch die Funktion f mit $f(x) = -0{,}5x^2 + 2; -2 \leq x \leq 2$ (siehe Abbildung).

Zwei Ecken liegen jeweils auf der x-Achse und auf dem Schaubild K von f.
Welches Rechteck hat den größtmöglichen Flächeninhalt?

Lösung
Wir wählen den Eckpunkt $P(a \mid -0{,}5a^2 + 2)$ auf K für $0 \leq a \leq 2$.

Zielfunktion: $A(a) = 2a \cdot f(a) = 2a \cdot (-0{,}5a^2 + 2)$
$A(a) = -a^3 + 4a; D = [0; 2]$

Untersuchung von A auf ein Maximum

Ableitungen: $A'(a) = -3a^2 + 4$
$A''(a) = -6a$

Notwendige Bedingung: $A'(a) = 0$ $-3a^2 + 4 = 0$
$a^2 = \frac{4}{3}$

Mit a > 0:   a = 1,15

Nachweis: $A''(1{,}15) < 0$

A hat ein relatives Maximum für a = 1,15.

Relatives Maximum: $A_{max} = A(1{,}15) = 3{,}08$

Randwerte

Für die Randstellen a = 0 und a = 2

gilt: A(0) = 0 < A(1,15)
A(2) = 0 < A(1,15)

Ergebnis:

Das Rechteck mit den Punkten P(1,15 | 1,34), Q(−1,15 | 1,34), R(−1,15 | 0) und T(1,15 | 0) hat den größten Flächeninhalt .

35

Lösungen

· · · · ·

7. Ein Geländeverlauf wird beschrieben durch die Funktion f mit

$f(x) = \frac{1}{16}x^3 - \frac{1}{2}x^2 + x$; $0 \leq x \leq 8$ (siehe Abbildung).

Ein Seil soll vom Ursprung zum Punkt P(8 | 8) gespannt werden.
Bestimmen Sie den größtmöglichen senkrechten Abstand des Seils zum Gelände.

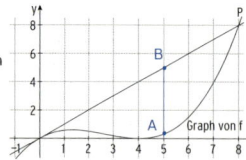

Lösung

Wir wählen die Endpunkte $A(a \mid \frac{1}{16}a^3 - \frac{1}{2}a^2 + a)$ auf K und $B(a \mid a)$ auf der Geraden mit y = x für $0 \leq a \leq 8$.

Zielfunktion mit Definitionsbereich: d mit $d(a) = a - (\frac{1}{16}a^3 - \frac{1}{2}a^2 + a) = -\frac{1}{16}a^3 + \frac{1}{2}a^2$

$$\text{Definitionsbereich: } 0 \leq a \leq 8$$

Untersuchung der Zielfunktion auf ein Maximum

Ableitungen: $d'(a) = -\frac{3}{16}a^2 + a$; $d''(a) = -\frac{3}{8}a + 1$

Notwendige Bedingung: $d'(a) = 0$ $-\frac{3}{16}a^2 + a = 0$

Ausklammern: $a(-\frac{3}{16}a + 1) = 0$

Satz vom Nullprodukt: $a = 0 \vee a = \frac{16}{3}$

Nachweis: $d''(\frac{16}{3}) = -1$

a = 0 ist eine Randstelle. (Siehe Randwertuntersuchung)

Die Abstandsfunktion d hat ein relatives Maximum für $a = \frac{16}{3}$.

Relatives Maximum: $d(\frac{16}{3}) = \frac{128}{27} = 4{,}74...$

Randwerte
Für die Randstellen a = 0 und a = 8 gilt: d(0) = 0 bzw. d(8) = 0

Ergebnis: Der größtmögliche senkrechte Abstand vom Seil zum Gelände beträgt 4,74.

---

2 Integralrechnung

2.1 Aufleiten und Stammfunktion

1 Ein Mitschüler versteht nicht, weshalb eine Funktion mehrere Stammfunktionen besitzt.

a) Erklären Sie anhand der Ableitungsregeln.

Beispielsweise sind sowohl $F(x) = \frac{1}{2}x^2$, als auch $F(x) = \frac{1}{2}x^2 + 3$ und $F(x) = \frac{1}{2}x^2 - 2$ Terme von Stammfunktionen von f mit f(x) = x. Beim Ableiten fällt der konstante Summand weg. Somit hat eine Funktion unendlich viele Stammfunktionen, die sich alle durch den Wert eines konstanten Summanden unterscheiden.

b) Erklären Sie graphisch, anhand von Schaubildern.

Skizzieren Sie hierfür die Schaubilder von

F_1 mit $F_1(x) = \frac{1}{2}x^2$

F_2 mit $F_2(x) = \frac{1}{2}x^2 + 2$

F_3 mit $F_3(x) = \frac{1}{2}x^2 - 1$

f mit f(x) = x

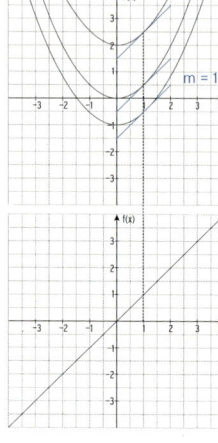

Durch eine Veränderung des konstanten Summanden verschiebt sich das Schaubild einer Stammfunktion in y-Richtung.
Die Steigung an einer Stelle ändert sich hierdurch jedoch nicht.
Alle Stammfunktionen haben also dieselbe Ableitungsfunktion.

---

2. Bilden Sie eine Stammfunktion.

f(x) = 2cos(3x) + 1	$F(x) = \frac{2}{3}\sin(3x) + x + c$
$f(x) = -3\sin(\frac{x}{2}) - x$	$F(x) = 6\cos(\frac{x}{2}) - \frac{1}{2}x^2 + c$
$f(x) = \frac{1}{4}x^3 + x^4 + 3$	$F(x) = \frac{1}{16}x^4 + \frac{1}{5}x^5 + 3x + c$
$f(x) = \frac{1}{32}x^3 + x^2 + x - 4$	$F(x) = \frac{1}{128}x^4 + \frac{1}{3}x^3 + \frac{1}{2}x^2 - 4x + c$
$f(x) = 5e^{2x} + 2x - 1$	$F(x) = \frac{5}{2}e^{2x} + x^2 - x + c$
$f(x) = ae^{-3x} + b$	$F(x) = -\frac{a}{3}e^{-3x} + bx + c$
$f(x) = \frac{3}{5}(x^3 - 2x^4)$	$F(x) = \frac{3}{5}(\frac{1}{4}x^4 - \frac{2}{5}x^5) + c$; ausmultiplizieren ist unnötig
$f(x) = 4x - 1 - 4e^{1-2x}$	$F(x) = 2x^2 - x + 2e^{1-2x} + c$

3. Bilden Sie eine Stammfunktion mit F(a) = b.

$f(x) = 4\sin(\pi x); F(1) = 2$	$F(x) = -\frac{4}{\pi}\cos(\pi x) + c; F(1) = \frac{4}{\pi} + c = 2 \Rightarrow c = 2 - \frac{4}{\pi}$ $F(x) = -\frac{4}{\pi}\cos(\pi x) + 2 - \frac{4}{\pi}$
$f(x) = -\frac{4}{3}\sin(\frac{x}{2}) - 3; F(\pi) = 0$	$F(x) = \frac{8}{3}\cos(\frac{x}{2}) - 3x + c; F(\pi) = -3\pi + c = 0$ $\Rightarrow c = 3\pi; F(x) = \frac{8}{3}\cos(\frac{x}{2}) - 3x + 3\pi$
$f(x) = -\frac{1}{32}x^3 + x^2 + 3x; F(1) = 0$	$F(x) = -\frac{1}{128}x^4 + \frac{1}{3}x^3 + \frac{3}{2}x^2 + c; F(1) = \frac{701}{384} + c = 0$ $\Rightarrow c = -\frac{701}{384}; F(x) = -\frac{1}{128}x^4 + \frac{1}{3}x^3 + \frac{3}{2}x^2 - \frac{701}{384}$
$f(x) = \frac{1}{2}(x^2 + 6x - 1); F(-1) = 1$	$F(x) = \frac{1}{2}(\frac{1}{3}x^3 + 3x^2 - x) + c; F(-1) = \frac{11}{6} + c = 1$ $\Rightarrow c = -\frac{5}{6}; F(x) = \frac{1}{2}(\frac{1}{3}x^3 + 3x^2 - x) - \frac{5}{6}$
$f(x) = 0{,}2e^{2x+1} + 2{,}25; F(0) = 4$	$F(x) = 0{,}1e^{2x+1} + 2{,}25x + c; F(0) = 0{,}1e + c = 4$ $\Rightarrow c = 4 - \frac{e}{10}; F(x) = 0{,}1e^{2x+1} + 2{,}25x + 4 - \frac{e}{10}$
$f(x) = 2a(e^{4-4x} + 1); F(1) = 0$	$F(x) = 2a(-\frac{1}{4}e^{4-4x} + x) + c; F(1) = 2a(-\frac{1}{4} + 1) + c = 0$ $\Rightarrow c = -\frac{3}{2}a; F(x) = 2a(-\frac{1}{4}e^{4-4x} + x) - \frac{3}{2}a$
$f(x) = \frac{4}{5}(x^5 - 2x^4); F(-2) = 3$	$F(x) = \frac{4}{5}(\frac{1}{6}x^6 - \frac{2}{5}x^5) + c; F(-2) = \frac{4}{5} \cdot \frac{352}{15} + c = 3$ $\Rightarrow c = -\frac{1183}{75}; F(x) = \frac{4}{5}(\frac{1}{6}x^6 - \frac{2}{5}x^5) - \frac{1183}{75}$
$f(x) = \frac{4x}{3} - \frac{x^3}{12} - e^{\ln(2)x}; F(1) = 6$	$F(x) = \frac{2x^2}{3} - \frac{x^4}{48} - \frac{e^{\ln(2)x}}{\ln(2)} + c; F(1) = \frac{31}{48} - \frac{2}{\ln(2)} + c = 6$ $\Rightarrow c = \frac{257}{48} + \frac{2}{\ln(2)}; F(x) = \frac{2x^2}{3} - \frac{x^4}{48} - \frac{e^{\ln(2)x}}{\ln(2)} + \frac{257}{48} + \frac{2}{\ln(2)}$

---

4. Entscheiden Sie, ob hier richtig oder falsch aufgeleitet wurde. Beschreiben Sie gegebenenfalls kurz, worin der Fehler besteht.

Funktion Stammfunktion	richtig (r) falsch (f)	richtig wäre ...	Was wurde nicht beachtet?
$f(x) = 2x^3 - 4x^2$ $F(x) = 2x^4 - 4x^3$	☐ (r) ☒ (f)	$F(x) = \frac{1}{2}x^4 - \frac{4}{3}x^3$	$g(x) = x^3 \Rightarrow G(x) = \frac{1}{4}x^4$ $h(x) = x^2 \Rightarrow H(x) = \frac{1}{3}x^3$
$f(x) = 1 + x$ $F(x) = \frac{1}{2}x^2 + x + 2$	☒ (r) ☐ (f)	$F(x) =$	
$f(x) = e^{3x-2}$ $F(x) = \frac{1}{3}e^{3x}$	☐ (r) ☒ (f)	$F(x) = \frac{1}{3}e^{3x-2}$	Die Hochzahl $u = 3x - 2$ bleibt erhalten
$f(x) = 2\sin(2x)$ $F(x) = \cos(2x)$	☐ (r) ☒ (f)	$F(x) = -\cos(2x)$	Vorzeichenfehler $(\cos(2x))' = -2\sin(2x)$
$f(x) = e^{2x} \cdot (2x + 1)$ $F(x) = e^{2x} \cdot x$	☒ (r) ☐ (f)	$F(x) =$	
$f(x) = 2 - \cos(\pi x + 1)$ $F(x) = \sin(\pi x + 1)$	☐ (r) ☒ (f)	$F(x) =$ $2x - \frac{1}{\pi}(\sin(\pi x + 1)$	Vorzeichenfehler $(\sin(\pi x))' = \pi\cos(\pi x)$ $(2x)' = 2$
$f(x) = \frac{1}{x^2}$ $F(x) = \frac{3}{x^3}$	☐ (r) ☒ (f)	$F(x) = -\frac{1}{x}$	$\frac{1}{x} = x^{-1}; (\frac{1}{x})' = -x^{-2} = -\frac{1}{x^2}$
$f(x) = -\frac{5}{2}(x^3 - 3x^2)$ $F(x) = -\frac{5}{2}(\frac{1}{4}x^4 - x^3)$	☒ (r) ☐ (f)	$F(x) =$	
$f(x) = (2x - 1)^3$ $F(x) = \frac{1}{4}(2x - 1)^4$	☐ (r) ☒ (f)	$F(x) = \frac{1}{8}(2x - 1)^4$	$((2x - 1)^4)' = 4 \cdot 2 \cdot (2x - 1)^3$
$f(x) = 2x(2x + 5)$ $F(x) = x^2(x^2 + 5x)$	☐ (r) ☒ (f)	$F(x) = \frac{4}{3}x^3 + 5x^2$	Nicht faktorweise aufleiten Hinweis: Zuerst ausmultiplizieren, dann aufleiten.

2.2 Grafisches Aufleiten

1. Skizzieren Sie das Schaubild einer Stammfunktion F von f.

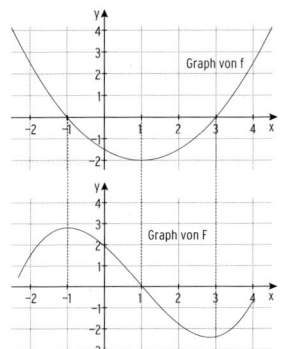

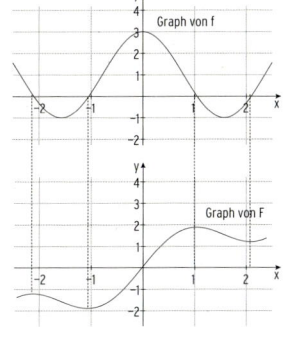

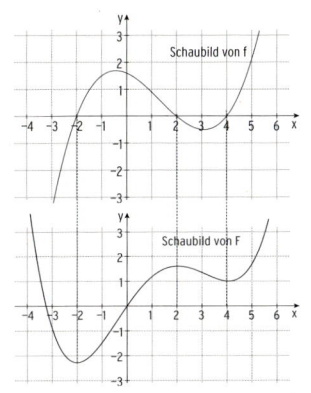

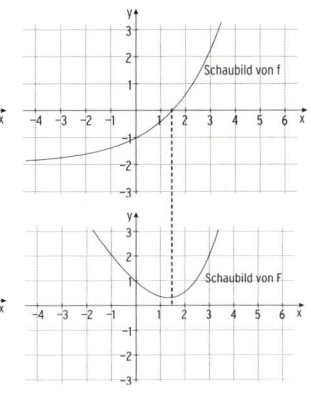

2. Skizzieren Sie das Schaubild einer Stammfunktion F von f
   a) durch den Ursprung.
   b) durch P(0 I 1)

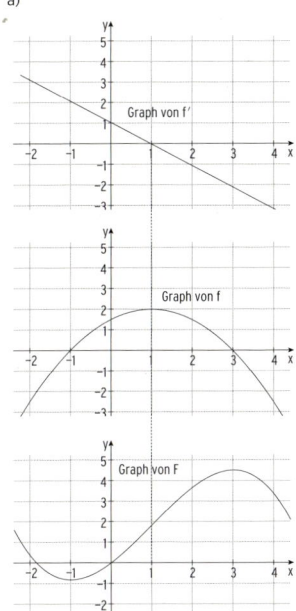

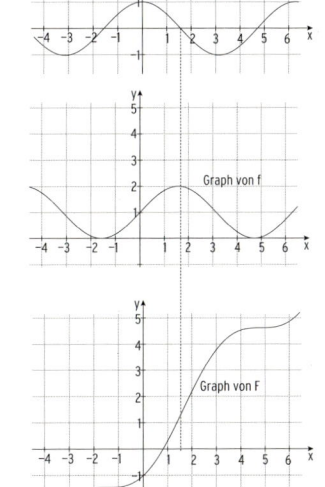

3. Gegeben ist das Schaubild der Funktion f. Zeichnen Sie das Schaubild ihrer Ableitungsfunktion f' und das Schaubild einer Stammfunktion F von f.

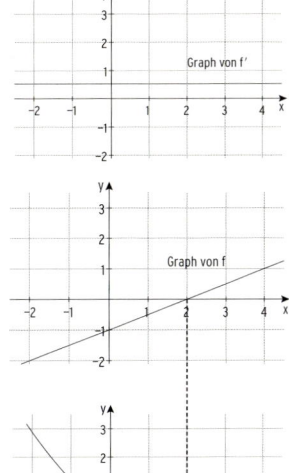

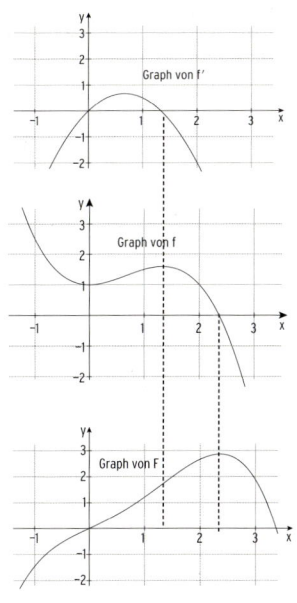

40

41

4. Gegeben ist das Schaubild der Funktion f. Skizzieren Sie das Schaubild ihrer Ableitungsfunktion f' und das Schaubild einer Stammfunktion F von f.

a)

b)

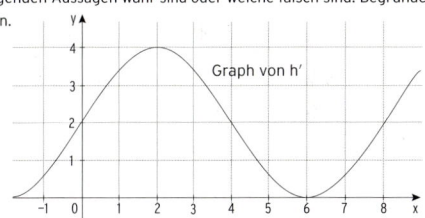

5. Die Abbildung zeigt den Graphen der Ableitungsfunktion h' einer Funktion h. Entscheiden Sie, welche der folgenden Aussagen wahr sind oder welche falsch sind. Begründen Sie Ihre Entscheidungen.

Aussage	(w)	(f)	Begründung
Die Funktion h hat bei $x = 6$ eine Extremstelle.		✗	$h'(x)$ wechselt bei $x = 6$ das Vorzeichen nicht.
Die Tangente an den Graphen von h im Schnittpunkt mit der y-Achse ist parallel zur ersten Winkelhalbierenden.		✗	$h'(0) = 2 \neq 1$
Der Graph von h ist auf [0; 1,8] linksgekrümmt.	✗		Der Graph von h' hat auf [0; 1,8] nur positive Steigungswerte, d. h. $h''(x) > 0$
h ist monoton wachsend für $2 < x < 8$	✗		$h'(x) \geq 0$ für $2 < x < 8$
$h(0) > h(5)$		✗	h ist monoton wachsend für $0 \leq x \leq 5$
Der Graph von h hat auf [0; 7] zwei Wendepunkte.	✗		Der Graph von h' hat 2 Extrempunkte
Der Graph einer Stammfunktion von h ist für alle $x \in [-1; 5]$ linksgekrümmt.	✗		$H''(x) = h'(x) > 0$, da der Graph von h' auf [-1; 5] oberhalb der x-Achse verläuft.

42

43

6. Gegeben sind Ausschnitte von Schaubildern der Funktion f mit $f(x) = x^2 e^x$, $x \in \mathbb{R}$, ihrer Ableitungsfunktion f', einer Stammfunktion F von f und der Funktion g mit $g(x) = f(-x)$.

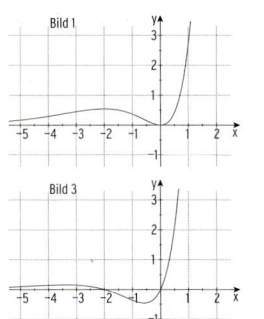
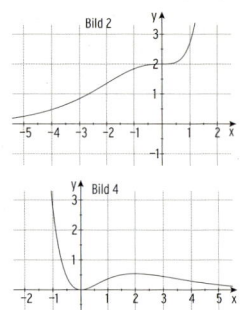

a) Begründen Sie, dass nur Bild 1 das Schaubild der Funktion f sein kann.

Das Schaubild der Funktion f hat den Berührpunkt O(0 | 0) mit der x-Achse gemeinsam und die x-Achse ist Asymptote für $x \to -\infty$.

b) Ordnen Sie die Funktionen f', F und g den übrigen Schaubildern zu und begründen Sie Ihre Entscheidung.

Zuordnung: Bild 2: Schaubild einer Stammfunktion F
Bild 3: Schaubild der Ableitungsfunktion f'
Bild 4: Schaubild der Funktion g mit $g(x) = f(-x)$

Begründung: In x = 0 hat der Graph der Stammfunktion von f eine Sattelstelle (Bild 2), die Ableitungsfunktion f' eine einfache Nullstelle mit VZW (Bild 3).
(Die Funktion f hat in x = 0 eine doppelte Nullstelle (eine Extremstelle) (Bild 1).)
Das Schaubild der Funktion g entsteht durch Spiegelung des Schaubildes der Funktion f an der y-Achse; es hat einen Berührpunkt mit der x-Achse gemeinsam und die x-Achse ist Asymptote für $x \to \infty$.

2.3 Bestimmtes Integral

1. Berechnen Sie das bestimmte Integral.

$\int_1^0 (e^{0,5x} + 1)dx$	$\int_1^0 (e^{0,5x} + 1)dx = [2e^{0,5x} + x]_1^0$ $= 2 - (2e^{0,5} + 1) = 1 - 2e^{0,5}$
$\int_0^{\frac{1}{2}\pi} (4\cos(2x))dx$	$= [2\sin(2x)]_0^{\frac{1}{2}\pi} = 2\sin(\pi) - 2\sin(0) = 0$
$\int_{-1}^0 (e^{-0,25x} - 2)dx$	$= [-4e^{-0,25x} - 2x]_{-1}^0 = -4 - (-4e^{0,25} + 2)$ $= -6 + 4e^{0,25}$
$\int_{-1}^3 (x^2 - 3x)dx$	$= [\frac{1}{3}x^3 - \frac{3}{2}x^2]_{-1}^3 = -\frac{9}{2} + \frac{11}{6} = -\frac{8}{3}$
$\int_{-1}^1 (x^3 - 2x)dx$	$= [\frac{1}{4}x^4 - x^2]_{-1}^1 = -\frac{3}{4} + \frac{3}{4} = 0$
$\int_{-2}^2 (x^4 + 3x^2 + 1)dx$	$= [\frac{1}{5}x^5 + x^3 + x]_{-2}^2 = \frac{82}{5} + \frac{82}{5}$ $= \frac{164}{5} = 32,8$

2. Wo liegt der Fehler?

$\int_1^0 (e^{0,1x} - 1)dx = [0,1e^{0,1x} - x]_1^0$ $= (0,1e^{0,1} - 1) - 0,1$ $= 0,1e^{0,1} - 1,1$	Stammfunktion falsch Richtig: $F(x) = 10e^{0,1x} - x$ Einsetzen in falscher Reihenfolge Richtig: $F(0) - F(1)$
$\int_0^{\frac{1}{2}\pi} (3\sin(2x) + 1)dx = [\frac{3}{2}\cos(2x)]_0^{\frac{1}{2}\pi}$ $= \frac{3}{2}\cos(\pi) - \frac{3}{2}\cos(2)$ $= \frac{3}{2} - \frac{3}{2}\cos(2)$	Stammfunktion falsch Richtig: $F(x) = -\frac{3}{2}\cos(2x) + x$ Einsetzfehler: $\cos(2 \cdot 0) = \cos(0) = 1$ $\cos(\pi) = -1$
$\int_{-1}^1 (5x^4 - 4x^3 - 2)dx = [x^5 + x^4 - 2x]_{-1}^1$ $= -1 + 1 + 2 - 0$ $= 2$	Stammfunktion falsch Richtig: $F(x) = ... - x^4 ...$ Einsetzen in falscher Reihenfolge Richtig: $F(1) - F(-1)$

2.4 Flächeninhaltsberechnungen

1. Das Schaubild von f begrenzt mit der x-Achse eine Fläche. Berechnen Sie den Inhalt.

$f(x) = (x - 2)(x - 4)$	Nullstellen von f: $f(x) = 0$ $x_1 = 2$; $x_2 = 4$ Flächeninhaltsberechnung: $\int_2^4 f(x)dx = \int_2^4 (x^2 - 6x + 8)dx$ $= [\frac{1}{3}x^3 - 3x^2 + 8x]_2^4 = -\frac{4}{3}$ Die Fläche hat einen Inhalt von $\frac{4}{3}$.	
$f(x) = -x^2(x - 4)$	Nullstellen von f: $f(x) = 0$ $x_1 = 0$; $x_2 = 4$ Flächeninhaltsberechnung: $\int_0^4 f(x)dx$ $= \int_0^4 (-x^3 + 4x^2)dx = [-\frac{1}{4}x^4 + \frac{4}{3}x^3]_0^4 = \frac{64}{3}$ Die Fläche hat einen Inhalt von $\frac{64}{3}$.	
$f(x) = x^4 - 2x^2$	Nullstellen von f: $f(x) = 0$ $x_{1|2} = 0$; $x_{3|4} = \pm\sqrt{2}$ Flächeninhaltsberechnung (Symmetrie): $2\int_0^{\sqrt{2}} f(x)dx = 2[\frac{1}{5}x^5 - \frac{2}{3}x^3]_0^{\sqrt{2}} = -1,51$ Die Fläche hat einen Inhalt von 1,51.	

2. Das Schaubild von f begrenzt mit der x-Achse auf [a; b] eine Fläche. Berechnen Sie den Inhalt.

$f(x) = 3\sin(2x)$; $x \in [0; 2]$	f hat die Nullstellen 0 und $\frac{\pi}{2}$. Flächeninhaltsberechnung: $\int_0^{0,5\pi} f(x)dx = [-\frac{3}{2}\cos(2x)]_0^{0,5\pi} = \frac{3}{2} + \frac{3}{2} = 3$ $\int_{0,5\pi}^2 f(x)dx = F(2) - F(0,5\pi) = 0,98 - \frac{3}{2}$ $= -0,52$ A = 3,52	
$f(x) = \cos(x - 2)$; $x \in [0; 3]$	Nullstellen von f: $f(x) = 0 \Rightarrow x_1 = -\frac{\pi}{2} + 2 = 0,43$ Flächeninhaltsberechnung: $\int_0^{0,43} f(x)dx = [\sin(x - 2)]_0^{0,43} = -0,09$ $\int_{0,43}^3 f(x)dx = [\sin(x - 2)]_{0,43}^3 = 1,84$ Die Fläche hat einen Inhalt von 1,93.	
$f(x) = e^{x-2} - 4$; $x \in [0; 2]$	Nullstellen von f: $f(x) = 0 \Rightarrow x_1 = \ln(4) + 2 > 2$ Flächeninhaltsberechnung: $\int_0^2 f(x)dx = [e^{x-2} - 4x]_0^2$ $= -7 - e^{-2} = -7,14...$ Die Fläche hat einen Inhalt von 7,14.	

3. f hat die gegebenen Nullstellen. Berechnen Sie den Inhalt der markierten Fläche.

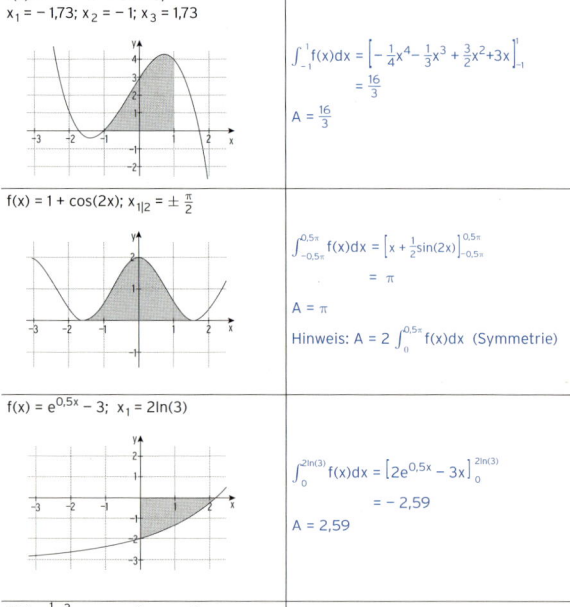

$f(x) = -x^3 - x^2 + 3x + 3$;
$x_1 = -1,73$; $x_2 = -1$; $x_3 = 1,73$

$\int_{-1}^1 f(x)dx = [-\frac{1}{4}x^4 - \frac{1}{3}x^3 + \frac{3}{2}x^2 + 3x]_{-1}^1$
$= \frac{16}{3}$

$A = \frac{16}{3}$

$f(x) = 1 + \cos(2x)$; $x_{1|2} = \pm\frac{\pi}{2}$

$\int_{-0,5\pi}^{0,5\pi} f(x)dx = [x + \frac{1}{2}\sin(2x)]_{-0,5\pi}^{0,5\pi}$
$= \pi$

$A = \pi$

Hinweis: $A = 2\int_0^{0,5\pi} f(x)dx$ (Symmetrie)

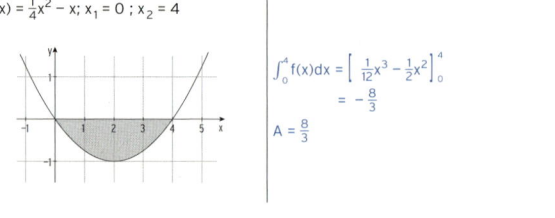

$f(x) = e^{0,5x} - 3$; $x_1 = 2\ln(3)$

$\int_0^{2\ln(3)} f(x)dx = [2e^{0,5x} - 3x]_0^{2\ln(3)}$
$= -2,59$

$A = 2,59$

$f(x) = \frac{1}{4}x^2 - x$; $x_1 = 0$; $x_2 = 4$

$\int_0^4 f(x)dx = [\frac{1}{12}x^3 - \frac{1}{2}x^2]_0^4$
$= -\frac{8}{3}$

$A = \frac{8}{3}$

4. Füllen Sie die Tabelle aus.

Graph von f	Das größere Flächenstück liegt .... der x-Achse	Integralwert	Inhalt der markierten Fläche
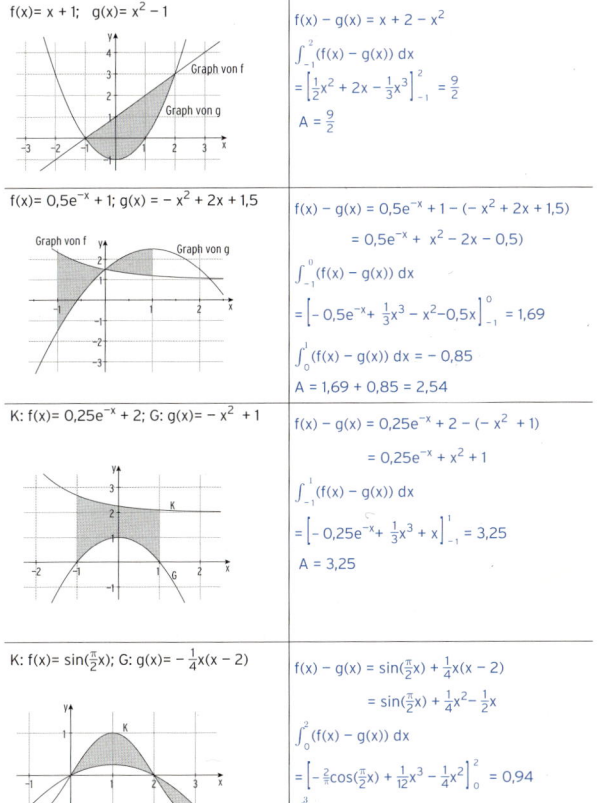	☒ unterhalb ☐ oberhalb	$\int_{-1}^{3,5} f(x)dx$ ☐ 0 ☒ − 2,21	☒ 2,96 ☐ 2
	☐ unterhalb ☒ oberhalb	$\int_{-2}^{1} f(x)dx$ ☐ $\frac{3}{2}$ ☒ 1	☐ 3,5 ☒ $\frac{31}{6}$
	☒ unterhalb ☐ oberhalb	$\int_{-0,5}^{2} f(x)dx$ ☐ − 0,6 ☒ − 1,15	☒ 1,87 ☐ 3,12
	☒ unterhalb ☐ oberhalb	$\int_{0}^{5} f(x)dx$ ☐ − 4 ☒ − 6,5	☐ 9,75 ☒ 7,96

48

5. Die Graphen von f und g begrenzen eine Fläche vollständig. Berechnen Sie den Inhalt der Fläche.

$f(x) = \frac{1}{8}x^3 - x^2 + 2x$ $g(x) = 2x$	Schnittstellen: $f(x) = g(x)$	$\frac{1}{8}x^3 - x^2 + 2x = 2x$
	Nullform:	$\frac{1}{8}x^3 - x^2 = 0$
	Ausklammern:	$x^2(\frac{1}{8}x - 1) = 0$
	Schnittstellen:	$x_{1|2} = 0; \; x_3 = 8$
	Integration über $f(x) - g(x) = \frac{1}{8}x^3 - x^2$: $\int_0^8 (\frac{1}{8}x^3 - x^2) \, dx$	
	$= [\frac{1}{32}x^4 - \frac{1}{3}x^3]_0^8 = -\frac{128}{3}; \; A = \frac{128}{3}$	

$f(x) = 3\cos(2x);$ $x \in [0; \pi]$ $g(x) = 3$	Schnittstellen: $f(x) = g(x)$	$3\cos(2x) = 3$
		$\cos(2x) = 1$
	Schnittstellen:	$x_1 = 0; \; x_2 = \pi$
	Integration über $f(x) - g(x) = 3\cos(2x) - 3$:	
	$\int_0^\pi (f(x) - g(x)) \, dx = [\frac{3}{2}\sin(2x) - 3x]_0^\pi = -3\pi$ $A = 3\pi$	

$f(x) = -x^2(x - 4)$ $g(x) = 4x$	Schnittstellen: $f(x) = g(x)$	$-x^2(x - 4) = 4x$
	Nullform:	$-x^3 + 4x^2 - 4x = 0$
	Ausklammern:	$-x(x^2 - 4x + 4) = 0$
	Schnittstellen:	$x_1 = 0; \; x_{2|3} = 2$
	Integration über $f(x) - g(x) = -x^3 + 4x^2 - 4x$	
	$\int_0^2 (f(x) - g(x)) \, dx = [-\frac{1}{4}x^4 + \frac{4}{3}x^3 - 2x^2]_0^2 = -\frac{4}{3}; \; A = \frac{4}{3}$	

$f(x) = e^x - 5$ $g(x) = -4e^{-x}$	Schnittstellen: $f(x) = g(x)$	$e^x - 5 = -4e^{-x} \quad | \cdot e^x$
	Nullform:	$e^{2x} - 5e^x + 4 = 0$
	Substitution $e^x = z$:	$z^2 - 5z + 4 = 0$
	oder Produktform:	$(e^x - 4)(e^x - 1) = 0$
	Schnittstellen:	$x_1 = \ln(4); \; x_2 = 0$
	Integration über $f(x) - g(x) = e^x - 5 + 4e^{-x}$	
	$\int_0^{\ln(4)} (f(x) - g(x)) \, dx = [e^x - 5x - 4e^{-x}]_0^{\ln(4)} = -0,93 \quad A = 0,93$	

$f(x) = \frac{1}{2}(x-2)(x-4)$ $g(x) = (x-2)^2$	Schnittstellen: $f(x) = g(x)$	$\frac{1}{2}(x-2)(x-4) = (x-2)^2$
	Ausmultiplizieren:	$\frac{1}{2}x^2 - 3x + 4 = x^2 - 4x + 4$
	Nullform:	$\frac{1}{2}x^2 - x = 0$
	Schnittstellen:	$x_1 = 0; \; x_2 = 2$
	Integration über $f(x) - g(x) = -\frac{1}{2}x^2 + x$	
	$\int_0^2 (f(x) - g(x)) \, dx = [-\frac{1}{6}x^3 + \frac{1}{2}x^2]_0^2 = \frac{2}{3}; \; A = \frac{2}{3}$	

49

6. Berechnen Sie den Inhalt der markierten Fläche.

$f(x) = x + 1; \quad g(x) = x^2 - 1$

$f(x) - g(x) = x + 2 - x^2$

$\int_{-1}^{2} (f(x) - g(x)) \, dx$

$= [\frac{1}{2}x^2 + 2x - \frac{1}{3}x^3]_{-1}^{2} = \frac{9}{2}$

$A = \frac{9}{2}$

$f(x) = 0,5e^{-x} + 1; \quad g(x) = -x^2 + 2x + 1,5$

$f(x) - g(x) = 0,5e^{-x} + 1 - (-x^2 + 2x + 1,5)$

$= 0,5e^{-x} + x^2 - 2x - 0,5)$

$\int_{-1}^{0} (f(x) - g(x)) \, dx$

$= [-0,5e^{-x} + \frac{1}{3}x^3 - x^2 - 0,5x]_{-1}^{0} = 1,69$

$\int_{0}^{1} (f(x) - g(x)) \, dx = -0,85$

$A = 1,69 + 0,85 = 2,54$

$K: f(x) = 0,25e^{-x} + 2; \quad G: g(x) = -x^2 + 1$

$f(x) - g(x) = 0,25e^{-x} + 2 - (-x^2 + 1)$

$= 0,25e^{-x} + x^2 + 1$

$\int_{-1}^{1} (f(x) - g(x)) \, dx$

$= [-0,25e^{-x} + \frac{1}{3}x^3 + x]_{-1}^{1} = 3,25$

$A = 3,25$

$K: f(x) = \sin(\frac{\pi}{2}x); \quad G: g(x) = -\frac{1}{4}x(x - 2)$

$f(x) - g(x) = \sin(\frac{\pi}{2}x) + \frac{1}{4}x(x - 2)$

$= \sin(\frac{\pi}{2}x) + \frac{1}{4}x^2 - \frac{1}{2}x$

$\int_{0}^{2} (f(x) - g(x)) \, dx$

$= [-\frac{2}{\pi}\cos(\frac{\pi}{2}x) + \frac{1}{12}x^3 - \frac{1}{4}x^2]_{0}^{2} = 0,94$

$\int_{2}^{3} (f(x) - g(x)) \, dx = -0,30$

$A = 0,94 + 0,30 = 1,24$

50

7. Die Abbildung zeigt das Schaubild einer Funktion h. H ist eine Stammfunktion von h. Begründen Sie für jede der folgenden Behauptungen, ob sie richtig oder falsch ist.

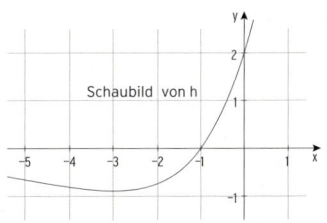

Schaubild von h

Behauptung	r / f	Begründung
$H'(0) = 2$	☒ (r) ☐ (f)	$H'(0) = h(0) = 2$
$h(-2) - h(0) < 0$	☒ (r) ☐ (f)	$h(-2) - h(0) \approx -2,8$
Das Schaubild von H hat einen Tiefpunkt.	☒ (r) ☐ (f)	$h(x)$ wechselt bei $x = -1$ das Vorzeichen $-/+$.
$\int_{-5}^{-1} h(x)dx < -5$	☐ (r) ☒ (f)	Inhalt der Fläche zwischen Kurve und x-Achse auf $[-5; -1]$ ist kleiner als 5.
$\int_{-1}^{0} h'(x)dx = 2$	☒ (r) ☐ (f)	$h(0) - h(-1) = 2$
Das Schaubild von H hat einen Wendepunkt mit negativer x-Koordinate.	☒ (w) ☐ (f)	Das Schaubild von h hat einen Extrempunkt mit negativer x-Koordinate.
$3\int_{-2}^{-1} h(x)dx > 0$	☐ (r) ☒ (f)	Fläche zwischen Kurve und x-Achse auf $[-2; -1]$ liegt unterhalb der x-Achse.

51

93

8. Die Abbildung zeigt die Graphen von f und g. Entscheiden Sie, welche der Aussagen wahr oder welche falsch sind?

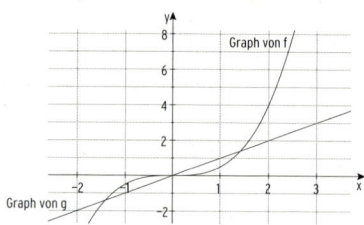

Graph von f
Graph von g

$f(x) - g(x)$ wechselt das Vorzeichen auf [0; 2]	☒ (w) ☐ (f)
$\int_0^1 (f(x) - g(x))dx > 0$	☐ (w) ☒ (f)
$\int_{-1}^1 (f(x) - g(x))dx = 0$	☒ (w) ☐ (f)
$\int_0^{2,5} (f(x) - g(x))dx > 0$	☒ (w) ☐ (f)
$\int_{-1}^0 (g(x) - f(x))dx > 0$	☐ (w) ☒ (f)
$\int_0^{\sqrt{2}} (f(x) - g(x))dx = -2$	☐ (w) ☒ (f)
$f - g$ hat drei Nullstellen auf $-2 \le x \le 2$	☒ (w) ☐ (f)
Es gibt ein a > 0, so dass $\int_0^a (f(x) - g(x))dx = 0$	☒ (w) ☐ (f)

9. Ordnen Sie dem Inhalt der markierten Fläche ein Integral zu.

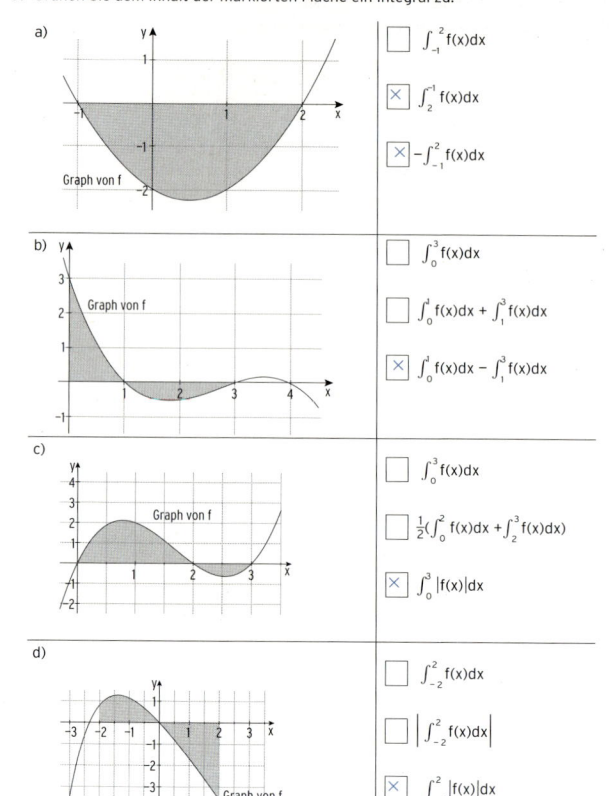

a)

Graph von f

☐ $\int_{-1}^2 f(x)dx$

☒ $\int_2^{-1} f(x)dx$

☒ $-\int_{-1}^2 f(x)dx$

b)

Graph von f

☐ $\int_0^3 f(x)dx$

☐ $\int_0^4 f(x)dx + \int_1^3 f(x)dx$

☒ $\int_0^4 f(x)dx - \int_1^3 f(x)dx$

c)

Graph von f

☐ $\int_0^3 f(x)dx$

☐ $\frac{1}{2}(\int_0^2 f(x)dx + \int_2^3 f(x)dx)$

☒ $\int_0^3 |f(x)|dx$

d)

Graph von f

☐ $\int_{-2}^2 f(x)dx$

☐ $\left| \int_{-2}^2 f(x)dx \right|$

☒ $\int_{-2}^2 |f(x)|dx$

2.5 Anwendungen des Integrals

1. Berechnen Sie den Mittelwert $\overline{m}$ der Funktionswerte f(x) im Intervall [a; b]

$f(x) = -x^2 + 1$ [a; b] = [-1; 1]	$\frac{1}{1-(-1)} \int_{-1}^1 (-x^2 + 1)dx = \frac{1}{2}\left[-\frac{1}{3}x^3 + x\right]_{-1}^1 = \frac{1}{2}(-\frac{1}{3} + 1 - (\frac{1}{3} - 1)) = \frac{2}{3}$ $\overline{m} = \frac{2}{3}$
$f(x) = 2x - 4$ [a; b] = [-3; 0]	$\frac{1}{0-(-3)} \int_{-3}^0 (2x - 4)dx = \frac{1}{3}\left[x^2 - 4x\right]_{-3}^0 = \frac{1}{3}(0 - (9 + 12)) = -7$ $\overline{m} = -7$
$f(x) = e^{-0,5x} + 2$ [a; b] = [-2; 2]	$\frac{1}{2-(-2)} \int_{-2}^2 (e^{-0,5x} + 2)dx = \frac{1}{4}\left[-2e^{-0,5x} + 2x\right]_{-2}^2$ $= \frac{1}{4}(-2e^{-1} + 4 - (-2e^1 - 4)) = \frac{1}{4}(-2e^{-1} + 2e^1 + 8) = 3,175$ $\overline{m} = 3,175$

2. Bestimmen Sie den mittleren Funktionswert $\overline{m}$ auf dem gegebenen Intervall. Zeichnen Sie die Gerade mit $y = \overline{m}$ ein.

a) $f(x) = (x + 1)(3 - x); x \in [-1; 3]$

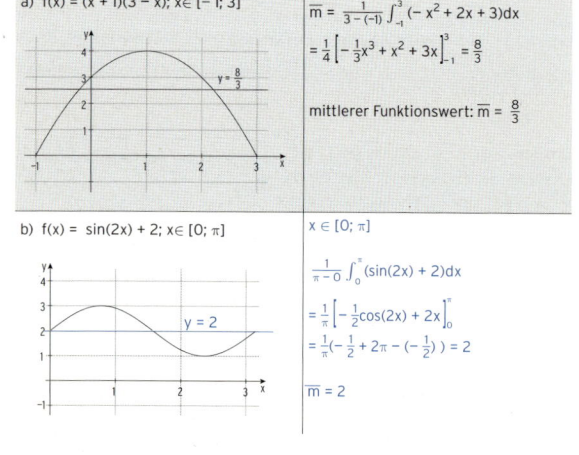

$\overline{m} = \frac{1}{3-(-1)} \int_{-1}^3 (-x^2 + 2x + 3)dx$
$= \frac{1}{4}\left[-\frac{1}{3}x^3 + x^2 + 3x\right]_{-1}^3 = \frac{8}{3}$

mittlerer Funktionswert: $\overline{m} = \frac{8}{3}$

b) $f(x) = \sin(2x) + 2; x \in [0; \pi]$

$x \in [0; \pi]$

$\frac{1}{\pi - 0} \int_0^\pi (\sin(2x) + 2)dx$

$= \frac{1}{\pi}\left[-\frac{1}{2}\cos(2x) + 2x\right]_0^\pi$

$= \frac{1}{\pi}(-\frac{1}{2} + 2\pi - (-\frac{1}{2})) = 2$

$\overline{m} = 2$

2.

c) $f(x) = 0,5e^{-0,5x} - x; x \in [-3; 2]$

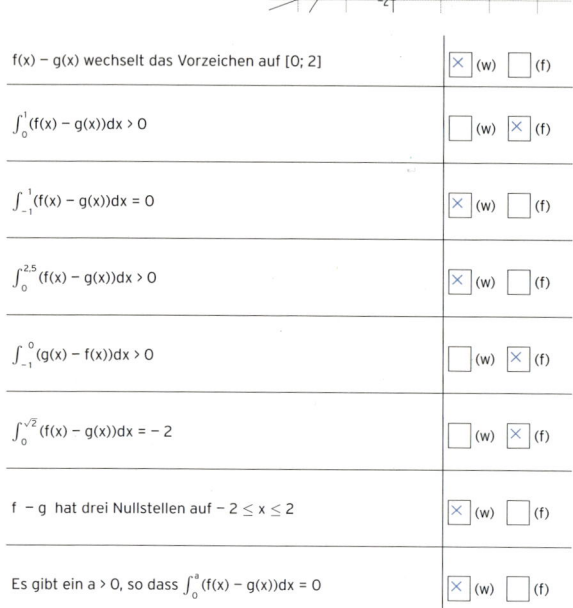

y = 1,32

$x \in [-3; 2]$

$\frac{1}{2-(-3)} \int_{-3}^2 (0,5e^{-0,5x} - x)dx$

$= \frac{1}{5}\left[-e^{-0,5x} - \frac{1}{2}x^2\right]_{-3}^2$

$= \frac{1}{5}(-2,37 - (-8,98)) = 1,32$

$\overline{m} = 1,32$

d) $f(x) = 2 - 0,5x; x \in [0; 6]$

y = 0,5

$x \in [0; 6]$

$\frac{1}{6-0} \int_0^6 (2 - 0,5x)dx$

$= \frac{1}{6}\left[2x - 0,25x^2\right]_0^6$

$= \frac{1}{6} \cdot 3 = \frac{1}{2}$

$\overline{m} = \frac{1}{2}$

3. Berechnen Sie das Volumen des Rotationskörpers, wenn das Schaubild der Funktion f im Intervall [a; b] um die x-Achse rotiert.

$f(x) = 3 - x^2$ [a; b] = [-1; 1]	$V = \pi \int_{-1}^1 (3 - x^2)^2 dx = \pi \int_{-1}^1 (9 - 6x^2 + x^4) \, dx$ $V = \pi \left[9x - 2x^3 + \frac{1}{5}x^5\right]_{-1}^1 = \pi (9 - 2 + \frac{1}{5} - (-9 + 2 - \frac{1}{5})) = \frac{72}{5}\pi$
$f(x) = 1 - \frac{1}{2}x$ [a; b] = [-2; 1]	$V = \pi \int_{-2}^1 (1 - \frac{1}{2}x)^2 dx = \pi \int_{-2}^1 (1 - x + \frac{1}{4}x^2) \, dx$ $V = \pi \left[x - \frac{1}{2}x^2 + \frac{1}{12}x^3\right]_{-2}^1 = \pi (1 - \frac{1}{2} + \frac{1}{12} - (-2 - 2 - \frac{2}{3})) = \frac{21}{4}\pi$
$f(x) = 1 + x^2$ [a; b] = [-3; 0]	$V = \pi \int_{-3}^0 (1 + x^2)^2 dx = \pi \int_{-3}^0 (1 + 2x^2 + x^4) \, dx$ $V = \pi \left[x + \frac{2}{3}x^3 + \frac{1}{5}x^5\right]_{-3}^0 = \pi (-(-3 - 18 - \frac{243}{5})) = \frac{348}{5}\pi$
$f(x) = e^{-0,5x}$ [a; b] = [0; 2]	$V = \pi \int_0^2 (e^{-0,5x})^2 dx = \pi \int_0^2 e^{-x} dx$ $V = \pi \left[-e^{-x}\right]_0^2 = \pi (-e^{-2} + 1) = 0,86\pi$

4. Die markierte Fläche rotiert um die x-Achse.
Berechnen Sie das Volumen des Rotationskörpers.

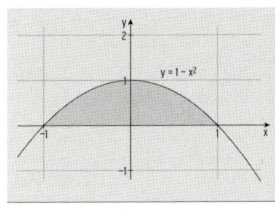

$V = \pi \int_{-1}^{1}(1-x^2)^2 dx$

$V = \pi \int_{-1}^{1}(1-2x^2+x^4) dx$

$V = \pi \left[x - \frac{2}{3}x^3 + \frac{1}{5}x^5\right]_{-1}^{1}$

$V = \pi (1 - \frac{2}{3} + \frac{1}{5} - (-1 + \frac{2}{3} - \frac{1}{5})) = \frac{16}{15}\pi$

Volumen $V = \frac{16}{15}\pi$

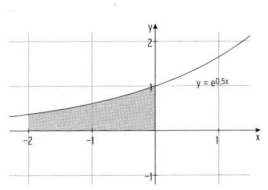

$V = \pi \int_{-2}^{0}(e^{0,5x})^2 dx = \pi \int_{-2}^{0} e^x dx$

$V = \pi \left[e^x\right]_{-2}^{0} = \pi (1 - e^{-2}) = 0,86\pi$

Volumen $V = 0,86\pi$

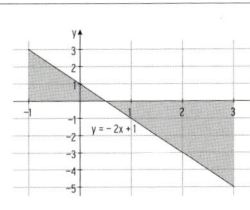

$V = \pi \int_{-1}^{3}(1-2x)^2 dx$

$V = \pi \int_{-1}^{3}(1-4x+4x^2) dx$

$V = \pi \left[x - 2x^2 + \frac{4}{3}x^3\right]_{-1}^{3}$

$V = \pi (3 - 18 + 36 - (-1 - 2 - \frac{4}{3})) = \frac{76}{3}\pi$

Volumen $V = \frac{76}{3}\pi$

K: $f(x) = x^2 - 2$

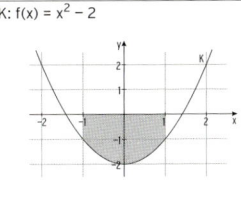

$V = \pi \int_{-1}^{1}(x^2 - 2)^2 dx$

$V = \pi \int_{-1}^{1}(x^4 - 4x^2 + 4) dx$

$V = \pi \left[\frac{1}{5}x^5 - \frac{4}{3}x^3 + 4x\right]_{-1}^{1}$

$= \pi (\frac{43}{15} - (-\frac{43}{15})) = \frac{86}{15}\pi$

Volumen $V = \frac{86}{15}\pi$

56

5. Die markierte Fläche rotiert um die x-Achse.
Berechnen Sie das Volumen des Rotationskörpers.

K: $f(x) = 1$; G: $g(x) = e^{-x} + 2$

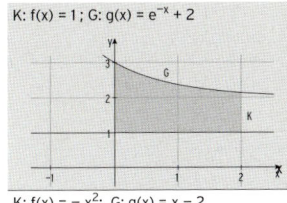

$V = \pi \int_{0}^{2}((g(x))^2 - (f(x))^2) dx$

$(g(x))^2 = (e^{-x} + 2)^2 = e^{-2x} + 4e^{-x} + 4$

$V = \pi \int_{0}^{2}(4 + 4e^{-x} + e^{-2x} - 1) dx$

$V = \pi \left[3x - 4e^{-x} - \frac{1}{2}e^{-2x}\right]_{0}^{2} \approx 9,95\pi$

Volumen $V = 9,95\pi$

Hinweis: $V = V_{außen} - V_{innen}$

K: $f(x) = -x^2$; G: $g(x) = x - 2$

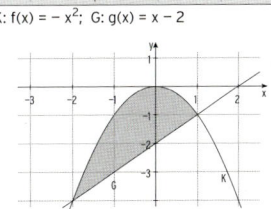

$V = \pi \int_{-2}^{1}((g(x))^2 - (f(x))^2) dx$

$(f(x))^2 = (-x^2)^2 = x^4$ und

$(g(x))^2 = (x-2)^2 = x^2 - 4x + 4$

$V = \pi \int_{-2}^{1}(x^2 - 4x + 4 - x^4) dx$

$V = \pi \left[\frac{1}{3}x^3 - 2x^2 + 4x - \frac{1}{5}x^5\right]_{-2}^{1} = \frac{72}{5}\pi$

Volumen $V = \frac{72}{5}\pi$

Hinweis: $\pi \int_{-2}^{1}((f(x))^2 - (g(x))^2) dx = -\frac{72}{5}\pi$

K: $f(x) = 0,25 x^3$; G: $g(x) = x$

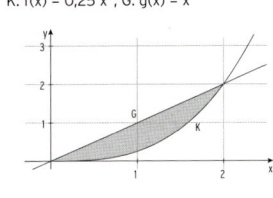

$V = \pi \int_{0}^{2}(g(x))^2 - (f(x))^2 dx$

$(f(x))^2 = (0,25 x^3)^2 = \frac{1}{16}x^6$

$V = \pi \int_{0}^{2}(x^2 - \frac{1}{16}x^6) dx$

$V = \pi \left[\frac{1}{3}x^3 - \frac{1}{112}x^7\right]_{0}^{2} = \frac{32}{21}\pi$

Volumen $V = \frac{32}{21}\pi$

Hinweis: $V = V_{außen} - V_{innen}$

K: $f(x) = 0,5x^2 + 1$; G: $g(x) = x^2$

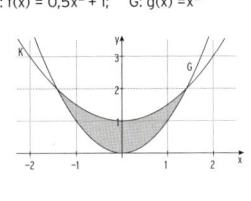

Schnittstellen: $x = \pm\sqrt{2}$;
Symmetrie zur y-Achse

$V = 2\pi \int_{0}^{\sqrt{2}}(f(x))^2 - (g(x))^2 dx$

$(g(x))^2 = (x^2)^2 = x^4$ und

$(f(x))^2 = (0,5x^2 + 1)^2 = \frac{1}{4}x^4 + x^2 + 1$

$V = 2\pi \int_{0}^{\sqrt{2}}(-\frac{3}{4}x^4 + x^2 + 1) dx$

$V = 2\pi \left[-\frac{3}{20}x^5 + \frac{1}{3}x^3 + x\right]_{0}^{\sqrt{2}} \approx 3,02\pi$

Volumen $V = 3,02\pi$

57

6. Entscheiden Sie, ob die Behauptung richtig oder falsch ist.

	richtig	falsch
Eine Funktion hat genau eine Ableitungsfunktion und somit auch genau eine Stammfunktion.		☒
Die von den Kurven K: $f(x) = x^2$ und G: $g(x) = x$ eingeschlossene Fläche rotiert um die x-Achse. Mit dem Term $V = \pi \int_{0}^{1}(f(x) - g(x))^2 dx$ lässt sich das Rotationsvolumen berechnen.		☒
Die von den Kurven K: $f(x) = x^2$ und G: $g(x) = x$ eingeschlossene Fläche rotiert um die x-Achse. Mit dem Term $V = \pi \int_{0}^{1}((g(x))^2 - (f(x))^2) dx$ lässt sich das Rotationsvolumen berechnen. Hinweis: $V = V_{außen} - V_{innen}$	☒	
Der Mittelwert der Funktionswerte f(x) im Intervall [a; b] kann durch den Ansatz berechnet werden: $\overline{m} = \frac{F(b) - F(a)}{b - a}$.		☒
$\overline{m}$ sei der Mittelwert der Funktionswerte f(x) im Intervall [a; b]. Dann gilt: $\int_{a}^{b}(f(x) - \overline{m}) dx = 1$.		☒

7. Gegeben ist das Schaubild K der Funktion f.
Welche Frage lässt sich mit dem
gegebenen Ansatz beantworten?
Hinweis: f hat die Nullstellen
$x_1 = -2$; $x_2 = 1,25$; $x_3 = 3$

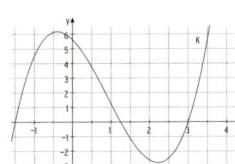

a) $\int_{3}^{u} f(x) dx = 10$; $u > 3$	Wie ist eine Grenze ($u > 3$) zu wählen, dass das Schaubild von f mit der x-Achse auf dem Intervall [3; u] eine Fläche vom Inhalt 10 einschließt?
b) $\int_{0,5}^{u} f(x) dx = 0$ $u > 1,25$	K schließt mit der x-Achse auf [0,5; 1,25] eine Fläche mit dem Inhalt A ein. Wie ist eine Grenze ($u > 1,25$) zu wählen, dass das Schaubild von f mit der x-Achse auf dem Intervall [1,25; u] eine Fläche mit dem Inhalt A einschließt? (Flächenbilanz = 0)
c) $\int_{u}^{u+1} f(x) dx = -2$ $1,25 \leq u \leq 2$	Wie ist eine Grenze ($1,25 \leq u \leq 2$) zu wählen, dass K mit der x-Achse in den Grenzen u und u + 1 einen Streifen der Breite 1 und vom Inhalt 2 bildet? (Fläche unterhalb der x-Achse)

58

8. Die Funktion f mit $f(t) = 100e^{0,25t} - 300$ gibt für die ersten 9 Minuten den momentanen Wasserzu- bzw. abfluss in einem Wasserspeicher an. Das zugehörige Schaubild ist nebenstehend dargestellt. Positive Werte stehen hierbei für einen Wasserzufluss, negative für einen Wasserabfluss.

a) Zu welchem Zeitpunkt fließt
am meisten Wasser ab?
In t = 0, hier hat f(t) den geringsten
Funktionswert (f(t) < 0).

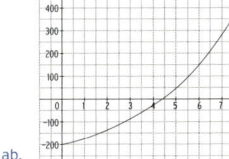

b) In welchem Zeitraum fließt Wasser ab?
Berechnung der Nullstelle von f(t):
$100e^{0,25t} - 300 = 0 \Leftrightarrow e^{0,25t} = 3$
$0,25t = \ln(3) \Leftrightarrow t = 4\ln(3) = 4,39$
In den ersten 4,39 Minuten fließt Wasser ab.

c) Welche gesamte Wassermenge fließt ab?
$\int_{0}^{4,39}(100e^{0,25t} - 300) dt = \left[400e^{0,25t} - 300t\right]_{0}^{4,39} = -518,33$
Insgesamt fließen also ca. 518,33 l ab.
(Inhalt der Fläche zwischen Kurve und waagerechter Achse entspricht dem gesamten Abfluss.)

d) Wie ändert sich die vorhandene Wassermenge im Becken zwischen t=3 und t= 6?
$\int_{3}^{6}(100e^{0,25t} - 300) dt = \left[400e^{0,25t} - 300t\right]_{3}^{6} = 45,88$
Es kommen also ca. 45,88 l hinzu.
(Zunächst Abfluss, dann Zufluss. Beim integrieren über die Nullstelle hinweg, wird die gesamte Abflussmenge von der gesamten Zuflussmenge subtrahiert.)

e) Zu Beginn befanden sich 550 l Wasser im Becken. Ermitteln Sie den Term der Funktion, welche für jeden Zeitpunkt die gesamte Wassermenge im Becken angibt. Zeichnen Sie diese in das Koordinatensystem ein.

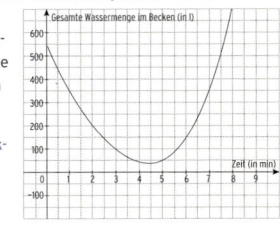

Die gesuchte Funktion ist eine Stammfunktion von f(t): $F(t) = 400e^{0,25t} - 300t + c$
Punktprobe mit (0 | 550):
$400 + c = 550 \Rightarrow c = 150$
$F(t) = 400e^{0,25t} - 300t + 150$

f) Welche Wassermenge befindet sich zwischen t = 2 und t = 7 durchschnittlich im Becken? $\frac{1}{5}\int_{2}^{7}(400e^{0,25t} - 300t + 150) dt = \frac{1}{5}\left[1600e^{0,25t} - 150t^2 + 150t\right]_{2}^{7} = 113,88$
Zwischen t = 2 und t = 7 sind durchschnittlich 113,88 l im Becken.

59

95

Lösungen

· · · · ·

9. Auf der Autobahn A8 bildet sich ein Stau.

Das Koordinatensystem zeigt den Graphen der Funktion f, welche die momentane Zu- bzw. Abflussrate an Autos dargestellt.

a) Ergänzen Sie eine passende Aufgaben-formulierung bzw. einen Rechenansatz.

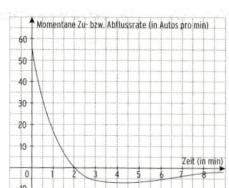

Rechenansatz	Aufgabenformulierung
$\int_0^1 f(t)dt$	Wie viele Autos stehen in t = 1 mehr im Stau als in t = 0?
$\int_1^6 f(t)dt$	Um wie viele (betroffene) Autos hat sich der Stau zwischen der 1. und der 6. Minute verändert?
f(1,4)	Wie ist die momentane Zuflussrate im Stau in t = 1,4?
f(t) = 0	Zu welchem Zeitpunkt fahren genau so viele Autos in den Stau ein, wie aus diesem heraus?
f'(t) = 0	Zu welchem Zeitpunkt ist die Anzahl an momentan aus dem Stau abfahrenden Autos maximal?
$\int_0^{t_2} f(t)dt = 0$	Zu welchem Zeitpunkt stehen ebenso viele Autos im Stau, wie zum Zeitpunkt 0?
$\int_0^{t_1} f(t)dt = -10$	Zu welchem Zeitpunkt stehen 10 Autos weniger im Stau als zu Beginn?
$\frac{1}{7}\int_1^8 f(t))dt$	Wie groß ist die mittlere Zu- bzw. Abflussrate von Autos im Stau zwischen t = 1 und t = 8?

b) Das Koordinatensystem zeigt den Graphen der Funktion g, welche die Anzahl der Autos im Stau angibt. In welchem Zusammenhang stehen die Funktion f (aus a) und die Funktion g zueinander?

f ist die Ableitung von g, da sie die momentane Änderungsrate angibt. g ist also eine Stammfunktion von f.

Ergänzen Sie eine passende Aufgabenformulierung bzw. einen Rechenansatz anhand der Funktion g.

$\frac{1}{8}\int_0^8 g(t)dt$	Wie viele Autos stehen in den ersten 8 Minuten durchschnittlich im Stau.
g(t) = 30	Zu welchem Zeitpunkt stehen genau 30 Autos im Stau?
g'(t) = 0	Wann fahren genau so viele Autos in den Stau ein, wie aus diesem heraus?
g'(t) < 0	Die Anzahl der Autos im Stau verringert sich.

60

II Stochastik

1 Binomialverteilung

1.1 Bernoulli-Formel

1. Handelt es sich hier um einen Bernoulli-Versuch? Geben Sie in diesem Fall auch die Länge der Bernoullikette und die Trefferwahrscheinlichkeit an.

Ein Würfel wird 10-mal geworfen. Nach jedem Wurf wird die Augenzahl notiert.	☒ kein Bernoulli-Versuch
	☐ Bernoulli-Versuch; n = ___; p = ___
Ein Würfel wird 10-mal geworfen. Nach jedem Wurf wird notiert ob eine Eins gewürfelt wurde.	☐ kein Bernoulli-Versuch
	☒ Bernoulli-Versuch; n = 10; p = $\frac{1}{6}$
Unter 10 Personen befinden sich 3 Schmuggler. Ein Zollbeamter kontrolliert die Personen nacheinander.	☒ kein Bernoulli-Versuch
	☐ Bernoulli-Versuch; n = ___; p = ___
Im Schnitt haben 15 % aller Autos abgefahrene Reifen. Ein Polizist überprüft die Reifen von 20 Autos.	☐ kein Bernoulli-Versuch
	☒ Bernoulli-Versuch; n = 20; p = 0,15
Von den 24 Schülern aus einer Klasse besitzen 7 ein i-Phone. Nacheinander werden 6 Schüler aus der Klasse befragt, ob sie ein i-Phone besitzen.	☒ kein Bernoulli-Versuch
	☐ Bernoulli-Versuch; n = ___; p = ___
In 87 % aller Haushalte in Deutschland ist mindestens ein Fernseher vorhanden. Es werden 50 Haushalte befragt, ob mindestens ein Fernseher vorhanden ist.	☐ kein Bernoulli-Versuch
	☒ Bernoulli-Versuch; n = 50; p = 0,87

2. Berechnen Sie den Wert der Binomialkoeffizienten ohne den WTR.

$\binom{4}{2} = \frac{4 \cdot 3}{1 \cdot 2} = 6$	$\binom{3}{2} = \frac{3 \cdot 2}{1 \cdot 2} = 3$
$\binom{10}{1} = 10$	$\binom{10}{8} = \binom{10}{2} = \frac{10 \cdot 9}{1 \cdot 2} = 45$
$\binom{6}{2} = \frac{6 \cdot 5}{1 \cdot 2} = 15$	$\binom{20}{0} = 1$
$\binom{8}{7} = \frac{8 \cdot 7 \cdot 6 \cdot 5 \cdot 4 \cdot 3 \cdot 2}{1 \cdot 2 \cdot 3 \cdot 4 \cdot 5 \cdot 6 \cdot 7} = \binom{8}{1} = 8$	$\binom{14}{1} = 14$

61

---

3. Vervollständigen Sie die Bernoulliformel.

$P(X = \underline{\ \ }) = \binom{4}{2} \cdot 0{,}7^{\square} \cdot \triangle^{\bigcirc}$ Lösung: $P(X = 2) = \binom{4}{2} \cdot 0{,}7^2 \cdot 0{,}3^2$

$P(X = 1) = \binom{10}{1} \cdot 0{,}4^1 \cdot 0{,}6^9$	$P(X = 5) = \binom{12}{5} \cdot 0{,}1^5 \cdot 0{,}9^7$
$P(X = 10) = \binom{50}{10} \cdot 0{,}01^{10} \cdot 0{,}99^{40}$	$P(X = 0) = \binom{20}{0} \cdot 0{,}05^0 \cdot 0{,}95^{20}$
$P(X = 7) = \binom{8}{7} \cdot 0{,}4^7 \cdot 0{,}6^1$	$P(X = 5) = \binom{20}{5} \cdot 0{,}1^5 \cdot 0{,}9^{15}$

4. Berechnen Sie die gesuchten Wahrscheinlichkeiten mithilfe der Bernoulliformel.

Eine Maschine produziert mit einer Wahrscheinlichkeit von 95 % fehlerfreie Schrauben. Bei einer Qualitätskontrolle werden 100 Schrauben überprüft. Mit welcher Wahrscheinlichkeit sind genau 89 fehlerfrei?	X: Anzahl der fehlerfreien Schrauben $P(X = 89)$ $= B_{100;0,95}(89)$ $= \binom{100}{89} \cdot 0{,}95^{89} \cdot 0{,}05^{11} \approx 0{,}0072$
Eine verbeulte Münze, die mit einer Wahrscheinlichkeit von 42 % „Wappen" zeigt, wird 25 Mal geworfen. Mit welcher Wahrscheinlichkeit erscheint 12 Mal „Zahl"?	X: Anzahl der Wappen bei 25 Würfen $P(X = 13)$ (13 mal Wappen) $= B_{25;0,42}(13)$ $= \binom{25}{13} \cdot 0{,}42^{13} \cdot 0{,}58^{12} \approx 0{,}095$
Ein Glücksrad hat 4 gleich große Felder mit den Farben gelb, grün, rot und blau. Das Glücksrad wird 13 Mal gedreht. Mit welcher Wahrscheinlichkeit erscheint 8 Mal die Farbe blau?	X: Anzahl der blauen Felder bei 13 Drehungen $P(X = 8) = B_{13;0,25}(8)$ $= \binom{13}{8} \cdot 0{,}25^8 \cdot 0{,}75^5 \approx 0{,}0047$
Ein Basketballspieler verwandelt einen Freiwurf mit einer Wahrscheinlichkeit von 78 %. Mit welcher Wahrscheinlichkeit verwandelt er von 20 Freiwürfen zwei nicht?	X: Anzahl der nicht verwandelten Freiwürfe bei 20 Freiwürfen P(nicht verwandelt) = 0,22 $P(X = 2) = B_{20;0,22}(2)$ $= \binom{20}{2} \cdot 0{,}22^2 \cdot 0{,}78^{18} \approx 0{,}105$
Bei der Endkontrolle werden 50 Bälle überprüft. 10 % der produzierten Bälle sind defekt und damit nicht wettkampftauglich. Mit welcher Wahrscheinlichkeit sind genau 5 Bälle defekt?	X: Anzahl der defekten Bälle $P(X = 5)$ $= B_{50;0,10}(5)$ $= \binom{50}{5} \cdot 0{,}10^5 \cdot 0{,}90^{45} \approx 0{,}1849$

62

---

5. Andreas möchte eine 10-tätige Gebirgstour machen. Die Wahrscheinlichkeit für einen Regentag beträgt dort in dieser Jahreszeit 34 %. Berechnen Sie die gesuchten Wahrscheinlichkeiten mithilfe der Bernoulliformel.

X: Anzahl der Regentage; X ist $B_{10;\,0,34}$-verteilt

Wahrscheinlichkeit für 2 Regentage?	$P(X = 2) = B_{10;\,0,34}(2)$ $= \binom{10}{2} \cdot 0{,}34^2 \cdot 0{,}66^8 \approx 0{,}1873$
Wahrscheinlichkeit für 3 oder 4 Regentage?	$P(X = 3) + P(X = 4)$ $= \binom{10}{3} \cdot 0{,}34^3 \cdot 0{,}66^7 + \binom{10}{4} \cdot 0{,}34^4 \cdot 0{,}66^6$ $\approx 0{,}489$
Wahrscheinlichkeit für mindestens einen Regentag?	$1 - P(X = 0)$ $= 1 - \binom{10}{0} \cdot 0{,}34^0 \cdot 0{,}66^{10} \approx 0{,}984$
Wahrscheinlichkeit für höchstens 8 Regentage?	$1 - (P(X = 9) + P(X = 10))$ $= 1 - \binom{10}{9} \cdot 0{,}34^9 \cdot 0{,}66^1 - \binom{10}{10} \cdot 0{,}34^{10}$ $\approx 0{,}9996$

6. Bei einer Tombola führen 10 % der Lose zu einem Gewinn. Jan kauft 12 Lose. Geben Sie jeweils eine Aufgabenstellung an, deren Lösung auf die folgende Weise berechnet wird. Gehen Sie von einer Binomialverteilung aus. Berechnen Sie die Wahrscheinlichkeit, dass Jan

3 Gewinnlose kauft	$P = \binom{12}{3} \cdot 0{,}10^3 \cdot 0{,}90^9$
2 oder 3 Gewinnlose kauft	$P = \binom{12}{2} \cdot 0{,}10^2 \cdot 0{,}90^{10} + \binom{12}{3} \cdot 0{,}10^3 \cdot 0{,}90^9$
mindestens ein Gewinnlos kauft	$P = 1 - \binom{12}{0} \cdot 0{,}10^0 \cdot 0{,}90^{12}$
höchstens ein Gewinnlos kauft	$P = \binom{12}{0} \cdot 0{,}10^0 \cdot 0{,}90^{12} + \binom{12}{1} \cdot 0{,}10^1 \cdot 0{,}90^{11}$

63

7. Vervollständigen Sie die Wahrscheinlichkeitsverteilung und die kumulierte Wahrscheinlichkeitsverteilung der binomialverteilten Zufallsvariablen. Geben Sie außerdem die Länge der Bernoulli-Kette und die Trefferwahrscheinlichkeit an.

a) $n = 2$ $p = 0,5$

k	0	1	2
$P(X = k)$	0,25	0,5	0,25
$P(X \leq k)$	0,25	0,75	1

Weisen Sie mit der Bernoulli-Formel nach, dass $P(X = 0) = P(X = 2)$ gilt.

$P(X = 0) = \binom{2}{0} \cdot 0,5^0 \cdot 0,5^2 = 0,25$ $P(X = 2) = \binom{2}{2} \cdot 0,5^2 \cdot 0,5^0 = 0,25$ w.z.b.w.

b) $n = 4$ $p = 0,8$

k	0	1	2	3	4
$P(X = k)$	0,0016	0,0256	0,1536	0,4096	0,4096
$P(X \leq k)$	0,0016	0,0272	0,1808	0,5904	1

Weisen Sie mit der Bernoulli-Formel nach, dass $P(X = 3) = P(X = 4)$ gilt.

$P(X = 3) = \binom{4}{3} \cdot 0,8^3 \cdot 0,2^1 = 0,4096$ $P(X = 4) = \binom{4}{4} \cdot 0,8^4 \cdot 0,2^0 = 0,4096$ w.z.b.w.

8. Eine Zufallsvariable ist $B_{6;\ 0,5}$-verteilt. Geben Sie mithilfe des WTR die Wahrscheinlichkeitsverteilung und die kumulierte Wahrscheinlichkeitsverteilung $F_{6;\ 0,5}$ an und stellen Sie diese graphisch dar.

k	0	1	2	3	4	5	6
$P(X = k)$	0,016	0,094	0,234	0,313	0,234	0,094	0,016
$P(X \leq k)$	0,016	0,109	0,344	0,656	0,891	0,984	1

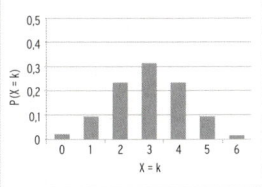
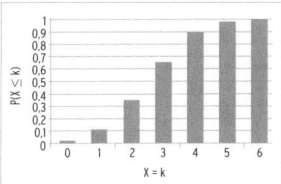

9. Bestimmen Sie die Wahrscheinlichkeiten mithilfe des WTR.

X ist $B_{20;\ 0,25}$-verteilt: $P(X = 5) = B_{20;\ 0,25}(5) = 0,2023$		
$P(X \leq 5) = F_{20;\ 0,25}(5) = 0,6172$		
$B_{11;\ 0,9}(5) = 0,00027$	$B_{100;\ 0,3}(30) = 0,0868$	$F_{11;\ 0,9}(8) = 0,090$
$B_{50;\ 0,05}(2) = 0,2611$	$F_{250;\ 0,15}(20) = 0,00063$	$B_{500;\ 0,02}(10) = 0,1264$
$B_{50;\ 0,1}(6) = 0,1541$	$F_{25;\ 0,5}(10) = 0,2122$	$F_{50;\ 0,1}(6) = 0,7702$

10. Schreiben Sie mit dem Summenzeichen.

X ist $B_{20;\ 0,2}$-verteilt: $P(X \leq 5) = \sum_{i=0}^{4} P(X = x_i) = \sum_{i=0}^{4} B_{20;\ 0,2}(i)$

X ist $B_{100;\ 0,05}$-verteilt: $P(X \leq 30) = \sum_{i=0}^{30} P(X = x_i) = \sum_{i=0}^{30} B_{100;\ 0,05}(i)$

X ist $B_{50;\ 0,01}$-verteilt: $P(10 \leq X \leq 20) = \sum_{i=10}^{20} P(X = x_i) = \sum_{i=10}^{20} B_{50;\ 0,01}(i)$

11. Eine Zufallsvariable zählt die Anzahl der Treffer bei einem Bernoulli-Versuch. Ordnen Sie jedem Ereignis den zugehörigen Berechnungsansatz durch einen Pfeil zu.

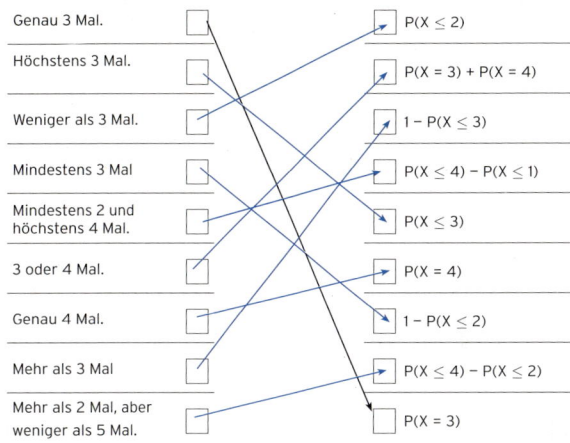

Genau 3 Mal. → $P(X = 3)$
Höchstens 3 Mal. → $P(X \leq 3)$
Weniger als 3 Mal. → $P(X \leq 2)$
Mindestens 3 Mal → $1 - P(X \leq 2)$
Mindestens 2 und höchstens 4 Mal. → $P(X \leq 4) - P(X \leq 1)$
3 oder 4 Mal. → $P(X = 3) + P(X = 4)$
Genau 4 Mal. → $P(X = 4)$
Mehr als 3 Mal → $1 - P(X \leq 3)$
Mehr als 2 Mal, aber weniger als 5 Mal. → $P(X \leq 4) - P(X \leq 2)$

12. Die Zufallsvariable X ist binomialverteilt mit $n = 16$ und $p = 0,58$. Bestimmen Sie die Wahrscheinlichkeiten mithilfe des WTR.

$P(X = 7) = 0,1027$	$P(X < 9) = P(X \leq 8)$ $= 0,3428$
$P(X \geq 5) = 1 - P(X \leq 4)$ $= 1 - 0,0078 = 0,9922$	$P(X > 6) = 1 - P(X \leq 6)$ $= 1 - 0,0805 = 0,9195$
$P(X = 10) + P(X = 11)$ $= 0,1894 + 0,1426 = 0,3320$	$P(4 < X < 8) = P(X \leq 7) - P(X \leq 4)$ $= 0,1832 - 0,0078 = 0,1754$
$P(3 \leq X \leq 8) = P(X \leq 8) - P(X \leq 2)$ $= 0,3428 - 0,0002 = 0,3426$	$P(1 \leq X \leq 5) = P(X \leq 5) - P(X = 0)$ $= 0,0284 - 0,0000 = 0,0284$

13. Ein Glücksrad hat 6 gleich große Felder. 2 der Felder sind grün, 3 sind rot und eines ist blau. Das Glücksrad wird 15 Mal gedreht.

a) Bestimmen Sie mit Hilfe des WTR die Wahrscheinlichkeit

n = 15; X ist binomialverteilt

für mehr als 7 Mal grün.	$p = \frac{1}{3}$; $P(X > 7) = 1 - P(X \leq 7) = 0,0882$
für höchstens 8 Mal grün oder rot.	$p = \frac{5}{6}$; $P(X \leq 8) = 0,0066$
für 5 oder 6 Mal blau.	$p = \frac{1}{6}$; $P(X = 5) + P(X = 6) = 0,0624 + 0,0208$ $= 0,0832$
für mindestens 7 und höchstens 12 Mal rot.	$p = \frac{1}{2}$; $P(7 \leq X \leq 12) = P(X \leq 12) - P(X \leq 6)$ $= 0,9963 - 0,3036 = 0,6927$
für mehr als 8 Mal rot oder blau.	$p = \frac{2}{3}$; $P(X > 8) = 1 - P(X \leq 8)$ $= 1 - 0,2030 = 0,7970$

b) Wie oft müsste man mindestens drehen, um mit einer Wahrscheinlichkeit von mehr als 99,9 % mindestens einmal grün zu erhalten?

P(mind. einmal grün bei n Drehungen) $> 0,999 \Leftrightarrow 1 - P(\text{keinmal grün}) > 0,999$

$\Leftrightarrow P(\text{keinmal grün}) < 0,001 \Leftrightarrow \left(\frac{2}{3}\right)^n < 0,001 \Leftrightarrow n \cdot \ln\left(\frac{2}{3}\right) < \ln(0,001) \Leftrightarrow n > 17,04$

Aufrunden ergibt $n = 18$. Es müsste also mindestens 18 Mal gedreht werden.

14. Ein Medikament verursacht bei 5 % aller Patienten Nebenwirkungen. Bei einem Test nehmen 170 Personen das Medikament ein.

a) Mit welcher Wahrscheinlichkeit treten bei mindestens 13 Personen Nebenwirkungen auf? $P(X \geq 13) = 1 - P(X \leq 12) = 1 - 0,9145 = 0,0855$

b) Mit welcher Wahrscheinlichkeit treten bei höchstens 10 % aller Personen Nebenwirkungen auf? $P(X \leq 0,1 \cdot 170) = P(X \leq 17) = 0,9977$

c) Mit welcher Wahrscheinlichkeit treten bei höchstens 5 % aller Personen Nebenwirkungen auf? $0,05 \cdot 170 = 8,5$; $P(X \leq 8) = 0,5213$

d) Wie viele Personen müssten das Medikament testen, dass die Wahrscheinlichkeit, dass bei mindestens einer Person Nebenwirkungen auftreten, mindestens 95 % beträgt?

P(mind. eine Person mit Nebenwirkungen) $> 0,95 \Leftrightarrow 1 - P(\text{keine Person m. N.}) > 0,95$

$\Leftrightarrow P(\text{keine Person}) < 0,05 \Leftrightarrow 0,95^n < 0,05 \Leftrightarrow n \cdot \ln(0,95) < \ln(0,05)$

$\Leftrightarrow n > 58,4$

Es müssten also mindestens 59 Personen das Medikament testen.

15. Die Tabelle zeigt die Wahrscheinlichkeitsverteilung einer binomialverteilten Zufallsgröße X.

k	0	1	2	3	4	5	6
$P(X = k)$	0,0467	0,1866	0,3110	0,2765	0,1382	0,0369	0,0041

Bestimmen Sie die Wahrscheinlichkeiten mithilfe der Tabelle.

$P(X = 4)$	0,1382
$P(X \leq 1)$	$0,0467 + 0,1866 = 0,2333$
$P(X \geq 4)$	$P(X = 4) + P(X = 5) + P(X = 6) = 0,1792$
$P(3 \leq X \leq 5)$	$P(X = 3) + P(X = 4) + P(X = 5) = 0,4516$
$\sum_{i=0}^{2} P(X = x_i)$	$P(X = 0) + P(X = 1) + P(X = 2) = 0,5443$
$\sum_{i=4}^{6} P(X = x_i)$	$P(X \geq 4) = 0,1792$
$P(X > 5)$	$P(X = 6) = 0,0041$

64

65

66

67

13 Bohner, Ott, Rosner, Deusch · ISBN 978-3-8120-1339-0

Lösungen
· · · · ·

1.2 Erwartungswert, Standardabweichung und Sigmaregeln

1. Es liegt eine binomialverteilte Zufallsvariable vor.
   a) Ergänzen Sie die unvollständigen Spalten.

n	50	50	80	120	125	200	320
p	0,2	0,6	0,5	0,5	0,1	0,05	0,01
μ	$n \cdot p = 10$	30	40	60	12,5	10	3,2
σ	$\sqrt{n \cdot p \cdot (1-p)} = 2{,}83$	3,46	4,47	5,48	3,35	3,08	1,78

   b) Vervollständigen Sie die nachfolgenden Aussagen. Berechnen Sie hierzu eventuell weitere Spalten in der Tabelle aus a).

   • Eine Vervierfachung von n (p = konstant) führt zu einer Vervierfachung von μ.
   • Eine Vervierfachung von n (p = konstant) führt zu einer Vervierfachung von σ.
   • Eine Vervierfachung von p (n = konstant) führt zu einer Verdoppelung von μ.
   • Bei gegebenem n erhält man den höchsten Wert für σ, wenn man p= 0,5 wählt.
     Hingegen sinkt σ, wenn p gegen die Zahl 0 oder gegen die Zahl 1 strebt.

2. Eine Maschine produziert mit einer Wahrscheinlichkeit von 85 % fehlerfreie Schrauben. Bei einer Qualitätskontrolle werden 3 Schrauben überprüft. Die Zufallsvariable X gibt die Anzahl an fehlerfreien Schrauben bei der Qualitätskontrolle an.

   a) Berechnen Sie den Erwartungswert der Zufallsvariablen: $\mu = n \cdot p = 3 \cdot 0{,}85 = 2{,}55$

   b) μ gibt inhaltlich die zu erwartende Anzahl an fehlerfreien Schrauben in der Stichprobe an.

   c) Geben Sie eine Wahrscheinlichkeitsverteilung der Zufallsvariablen X an.

k	0	1	2	3
P(X = k)	0,0034	0,0574	0,3251	0,6141

   d) Berechnen Sie μ erneut. Verwenden Sie hierzu jedoch die Wahrscheinlichkeitsverteilung. $\mu = 0{,}0034 \cdot 0 + 0{,}0574 \cdot 1 + 0{,}3251 \cdot 2 + 0{,}6141 \cdot 3 = 2{,}55$

   e) Berechnen Sie die Standardabweichung der Zufallsvariablen:

   $\sigma = \sqrt{3 \cdot 0{,}85 \cdot 0{,}15} = 0{,}62$

   f) σ gibt inhaltlich die Streuung der Anzahl der fehlerfreien Schrauben um den Erwartungswert an.

3. Ein Glücksrad hat drei farbige Sektoren, die beim einmaligen Drehen mit folgenden Wahrscheinlichkeiten angezeigt werden: Rot 20 %; Grün 30 %; Blau 50 %. Das Glücksrad wird n-mal gedreht. Die Zufallsvariable X gibt an, wie oft die Farbe Rot angezeigt wird.

   a) Begründen Sie, dass X binomialverteilt ist. Es werden nur die zwei Ausgänge Rot oder nicht Rot betrachtet. Die Wahrscheinlichkeit für Rot ist stets p = 0,2.

   b) Die Tabelle zeigt einen Ausschnitt der Wahrscheinlichkeitsverteilung von X.

k	0	1	2	3	4	5	6	7	...
P(X = k)	0,01	0,06	0,14	0,21	0,22	0,17	0,11	0,05	

   Bestimmen Sie die Wahrscheinlichkeit, dass mindestens 3-mal rot angezeigt wird.

   $P(X \geq 3) = 1 - P(X \leq 2) = 1 - 0{,}21 = 0{,}79$

   Entscheiden Sie, welcher der folgenden Werte von n der Tabelle zugrunde liegen kann: 20, 25 oder 30. Begründen Sie Ihre Entscheidung.

   Die Wahrscheinlichkeitsverteilung hat bei k = 4 ihren größten Wert. Für den Erwartungswert gilt E(X) = n · 0,2.
   Wegen E(X) ≈ 4 kommt nur n = 20 in Frage.

4. Vervollständigen Sie die Tabelle.

n	p	μ	σ	σ-Intervall	2σ-Intervall	3σ-Intervall
500	0,7	350	10,25	[339,75; 360,25]	[329,50; 370,50]	[319,25; 380,75]
600	0,5	300	12,25	[287,75; 312,25]	[275,5; 324,5]	[263,25; 336,75]
200	0,17	34	5,31	[28,69; 39,31]	[23,38; 44,62]	[18,07; 49,93]
10	0,49	4,9	1,58	[3,32; 6,48]	[1,74; 8,06]	[0,16; 9,64]
150	0,25	37,5	5,30	[32,2; 42,8]	[26,9; 48,1]	[21,60; 53,40]

5. Vervollständigen Sie die Tabelle. Ordnen Sie dann die Schaubilder zu.

n	250	50	80	60
p	0,1	0,5	0,6	0,8
μ	25	25	48	48
σ	4,74	3,54	4,38	3,10
Schaubild	1	4	3	2

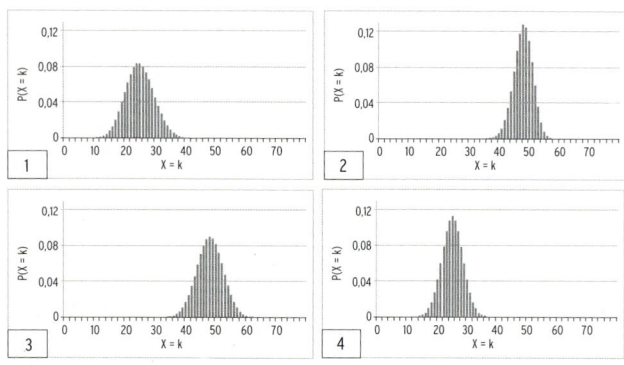

6. In einem Hallenbad gibt der Eintrittskartenautomat jedem zwölften Besucher eine unbrauchbare Eintrittskarte aus. An einem Samstag Vormittag benutzen 155 Personen den Automat.

   a) Schätzen Sie ab, wie viele Personen an diesem Tag mit einer Wahrscheinlichkeit von 95 %, eine unbrauchbare Eintrittskarte erhalten.

   Zu 95 % gehört z = 1,96; n = 155; p = $\frac{1}{12}$
   $\mu = 155 \cdot \frac{1}{12} = 12{,}92$; $\sigma = \sqrt{155 \cdot \frac{1}{12} \cdot \frac{11}{12}} = 3{,}44$
   Zugehöriges Intervall: [12,92 − 1,96 · 3,44 ; 12,92 + 1,96 · 3,44] = [6,18; 19,66].
   Zwischen 7 und 19 Personen haben eine unbrauchbare Eintrittskarte erhalten.

   b) Geben Sie das 3σ-Intervall an.

   [12,92 − 3 · 3,44 ; 12,92 + 3 · 3,44] = [2,60; 23,24].

7. Auf dem Weg zur Arbeit kommt Stefan jeden Tag an einer Ampel vorbei, welche mit einer Wahrscheinlichkeit von 35 % auf Rot steht. Pro Jahr arbeitet Stefan an 220 Tagen.

   a) Mit wie vielen Tagen pro Jahr, an welchen die Ampel auf Rot steht, muss Stefan rechnen? $\mu = 220 \cdot 0{,}35 = 77$
   Er muss mit 77 Tagen rechnen.

   b) An wie vielen Tagen im nächsten Jahr steht die Ampel mit einer Wahrscheinlichkeit von 95,4 % auf Rot?
   Geben Sie hierfür ein Intervall an.
   Der gegebenen Sicherheitswahrscheinlichkeit ist der z-Wert 2 in der Tabelle zugeordnet.
   Mit der Standardabweichung von $\sigma = \sqrt{220 \cdot 0{,}35 \cdot 0{,}65} = 7{,}07$
   führt dies zu dem Intervall [77 − 2 · 7,07; 77 + 2 · 7,07] = [62,86; 91,14]
   Mit einer Wahrscheinlichkeit von 95,4 % liegt die Zahl der Tage pro Jahr, an welchen die Ampel auf Rot steht, zwischen 63 und 91.

   c) Geben Sie ein Intervall zur Sicherheitswahrscheinlichkeit $\gamma = 0{,}99$ an.
   Zu 99 % gehört z = 2,58;
   [77 − 2,58 · 7,07; 77 + 2,58 · 7,07] = [58,76; 95,24]

   d) Mit welcher Wahrscheinlichkeit liegt diese Anzahl an Tagen im Intervall [69,93 ; 84,07]?
   Ansatz: 69,93 = 77 − 7,07 · z für z = 1
   [77 − 7,07; 77 + 7,07] = [69,93; 84,07]

   Dieses Intervall erhält man für z = 1.
   Somit beträgt die Wahrscheinlichkeit 68,3 %.

8 Eine Münze wird 150 Mal geworfen. Die Zufallsvariable X gibt an, wie oft Wappen geworfen wurde.

X ist binomialverteilt mit $n = 150$ und $p = 0,5$.

Somit beträgt der Erwartungswert $\mu = 75$

und die Standardabweichung $\sigma = \sqrt{150 \cdot 0,5 \cdot 0,5} = 6,12$.

Nach der σ-Regel nimmt X einen Wert an, welcher mit einer Wahrscheinlichkeit

von 68,3 % im Intervall $[75 - 6,12 \; ; \; 75 + 6,12] = [68,88 \; ; \; 81,12]$, $(z = 1)$

mit einer Wahrscheinlichkeit

von 95,4 % im Intervall $[62,76 \; ; \; 87,24]$, $(z = 2)$

und mit einer Wahrscheinlichkeit

von 99,7 % im Intervall $[56,64 \; ; \; 93,36]$, $(z = 3)$

liegt.

9 Sind die Aussagen, bezogen auf eine binomialverteilte Zufallsvariable, wahr (w) oder falsch (f)?

Der Erwartungswert gibt stets die Trefferanzahl an, die die höchste Wahrscheinlichkeit aufweist.	☐ (w) ☒ (f)
Die Standardabweichung ist ein Maß für die Streuung der Werte einer Zufallsvariablen um den Erwartungswert.	☒ (w) ☐ (f)
Die Standardabweichung misst die Breite der Verteilung.	☐ (w) ☒ (f)
Ein Intervall, das mithilfe der Sigmaregeln berechnet wird, ist stets symmetrisch zum Erwartungswert.	☒ (w) ☐ (f)
Eine Binomialverteilung ist annähernd normalverteilt für $\sigma > 5$.	☒ (w) ☐ (f)
Die Sigmaregeln treffen umso besser zu, je größer der Stichprobenumfang ist.	☒ (w) ☐ (f)
Mit den Sigmaregeln können Wahrscheinlichkeiten abgeschätzt werden.	☐ (w) ☒ (f)

2 Schätzen unbekannter Wahrscheinlichkeiten

1. a) Vervollständigen Sie die Tabelle.

h	n	γ	z	Vertrauensintervall VI
0,6	100	90%	1,64	$\left[h - z\sqrt{\frac{h(1-h)}{n}} \; ; \; h + z\sqrt{\frac{h(1-h)}{n}}\right] = [0,520; \, 0,680]$
0,6	100	99%	2,58	$\left[0,6 - 2,58\sqrt{\frac{0,6 \cdot 0,4}{100}} \; ; \; 0,6 + 2,58\sqrt{\frac{0,6 \cdot 0,4}{100}}\right]$ $= [0,474; \, 0,726]$
0,22	1000	90%	1,64	$\left[0,22 - 1,64\sqrt{\frac{0,22 \cdot 0,78}{1000}} \; ; \; 0,22 + 1,64\sqrt{\frac{0,22 \cdot 0,78}{1000}}\right]$ $= [0,1985; \, 0,2415]$
0,45	300	95%	1,96	$\left[0,45 - 1,96\sqrt{\frac{0,45 \cdot 0,55}{300}} \; ; \; 0,45 + 1,96\sqrt{\frac{0,45 \cdot 0,55}{300}}\right]$ $= [0,3937; \, 0,5063]$
0,64	120	95,4%	2	$\left[0,64 - 2\sqrt{\frac{0,64 \cdot 0,36}{120}} \; ; \; 0,64 + 2\sqrt{\frac{0,64 \cdot 0,36}{120}}\right]$ $= [0,5524; \, 0,7276]$

b) Vervollständigen Sie die nachfolgenden Aussagen.

Eine Erhöhung von n führt zu einem ☐ längeren ☒ kürzeren Intervall.

Eine Erhöhung von γ führt zu einem ☒ längeren ☐ kürzeren Intervall.

c) Erklären Sie einem Mitschüler anschaulich (ohne Rechnung), weshalb eine Erhöhung von γ diese Wirkung auf die Länge des Vertrauensintervalls besitzt:

Das Vertrauensniveau gibt an, mit welcher Wahrscheinlichkeit der unbekannte Wert p im Vertrauensintervall liegt. Wenn ein höheres Vertrauensniveau angestrebt wird, soll die Wahrscheinlichkeit erhöht werden, dass p im Vertrauensintervall liegt. Dies kann nur durch ein längeres Vertrauensintervall erreicht werden.

d) Ermitteln Sie die fehlenden Werte.

h	n	γ	z	Vertrauensintervall VI
0,5	350	0,95	1,96	$[0,4476; \, 0,5524]$

Aus $[0,4476; \, 0,5524] = \left[0,5 - z\sqrt{\frac{0,5 \cdot 0,5}{350}} \; ; \; 0,5 + z\sqrt{\frac{0,5 \cdot 0,5}{350}}\right]$

folgt $0,5 + z\sqrt{\frac{0,5 \cdot 0,5}{350}} = 0,5524 \;\; \Rightarrow z\sqrt{\frac{0,5 \cdot 0,5}{350}} = 0,0524 \Rightarrow z = 1,96$

und damit $\gamma = 0,95$.

2. An einer großen beruflichen Schule wird der Schülersprecher gewählt, wobei jeder Schüler einen Wahlzettel mit seinem gewünschten Kandidaten abgegeben hat. Nachdem 100 Stimmzettel ausgezählt sind, wird eine erste „Hochrechnung" gemacht. 47 Stimmzettel entfallen auf den Kandidaten Vincent. Geben Sie ein Intervall an, in welchem der Stimmanteil von Vincent nach Auszählung aller Stimmzettel mit einer Wahrscheinlichkeit von 90 % liegen wird.

$n = 100$; $h = 0,47$; $\gamma = 90$ % ; $z = 1,64$

$VI = \left[0,47 - 1,64\sqrt{\frac{0,47 \cdot 0,53}{100}} \; ; \; 0,47 + 1,64\sqrt{\frac{0,47 \cdot 0,53}{100}}\right] = [0,388 \; ; \; 0,552]$

Der gesamte Stimmanteil für Vincent wird mit einer Wahrscheinlichkeit von 90 % zwischen 38,8 % und 55,2 % liegen.

3. Ein Unternehmen möchte den neuen Joghurt „choco-mint" am Markt platzieren und bietet diesen hierzu einen Monat lang in einem Testsupermarkt an. 253 der insgesamt 1572 Testkunden haben den Joghurt in diesem Zeitraum gekauft.

a) Ermitteln Sie zum Vertrauensniveau $\gamma = 95$ % ein Vertrauensintervall für den gesamten Marktanteil des neuen Joghurts.

$n = 1572$; $h = \frac{253}{1572}$; $\gamma = 0,95$; $z = 1,96$

$VI = \left[\frac{253}{1572} - 1,96\sqrt{\frac{\frac{253}{1572}(1 - \frac{253}{1572})}{1572}} \; ; \; \frac{253}{1572} + 1,96\sqrt{\frac{\frac{253}{1572}(1 - \frac{253}{1572})}{1572}}\right] = [0,143; \, 0,179]$

b) Deutschlandweit rechnet das Unternehmen mit 14 Millionen Personen, welche durchschnittlich einen Joghurt pro Woche kaufen. Gemäß a) kann das Unternehmen also mit mindestens $0,143 \cdot 14$ Millionen $= 2002000$ und höchstens $0,179 \cdot 14$ Millionen $= 2506000$ verkauften „„choco-mint"- Joghurts pro Woche rechnen. An einem verkauften Joghurt verdient das Unternehmen 0,11 EUR.

Das Unternehmen wird durch die Einführung des Joghurts (mit einer Wahrscheinlichkeit von 95 %) also mindestens $2002000 \cdot 0,11 \, € = 220220$ EUR und höchstens $2506000 \cdot 0,11 \, € = 275660$ EUR Gewinn pro Woche erwirtschaften.

4. Stichprobenumfang

a) Grundsätzlich sollte eine ☒ geringe oder ☐ große Länge des Vertrauensintervalls angestrebt werden.

Welcher Mindeststichprobenumfang hierzu gewählt werden muss, kann mithilfe der Formel $n \geq \frac{z^2}{d^2}$ errechnet werden.

b) Beispielsweise muss bei einer angestrebten Länge des Vertrauensintervalls von $d = 0,08$ und einem Vertrauensniveau von $\gamma = 95$ % (entspricht $z = 1,96$) ein Mindeststichprobenumfang von $n = 601$ gewählt werden. ($n \geq \frac{1,96^2}{0,08^2} = 600,25$)

c) Vervollständigen Sie die Tabelle mithilfe der Formel ($n \geq \frac{z^2}{d^2}$).

n	γ	z	Vertrauensintervall VI	Länge von VI: d
748	90 %	1,64	$[0,33; \, 0,39]$	0,06
1537	95 %	1,96	$[0,41; \, 0,46]$	0,05
16641	99 %	2,58	$[0,22; \, 0,24]$	0,02
100	68,3 %	1	$[0,42; \, 0,52]$	0,10
900	99,7 %	3	$[0,70; \, 0,80]$	0,10

5. Die Herstellerfirma möchte den Bekanntheitsgrad eines neu eingeführten Parfüms abschätzen. Hierzu sollen in einer Fußgängerzone zufällig ausgewählte Personen befragt werden, ob sie das Parfüm kennen. Als Vertrauensniveau wird $\gamma = 90$ % verwendet.

a) Wie viele Personen müssen befragt werden, um den Bekanntheitsgrad auf eine Genauigkeit von ± 3 % genau zu schätzen? $n = 748$ ($n \geq \frac{1,64^2}{0,06^2} = 747,1$)
Es müssen mindestens 748 Personen befragt werden.

b) 32 % der befragten Personen geben an, das Parfüm zu kennen. Ermitteln Sie das zugehörige Vertrauensintervall.

$n = 748$; $h = 0,32$; $\gamma = 90$ % ; $z = 1,64$

$VI = \left[0,32 - 1,64\sqrt{\frac{0,32(1 - 0,32)}{748}} \; ; \; 0,32 + 1,64\sqrt{\frac{0,32(1 - 0,32)}{748}}\right] = [0,292 \; ; \; 0,348]$

Lösungen
· · · · ·

6. Sie sind in einem Autohaus und lassen sich von einem Verkäufer beraten.
Dieser argumentiert: „Zwei meiner letzten drei Neuwagenkunden, also 66,7 %, haben sich für ein rotes Auto entschieden. Rot wird die neue Trendfarbe. In der nächsten Zeit werden mit Sicherheit über 50 % aller Neuwagen in der Farbe Rot bestellt werden."

a) Entgegnen Sie auf anschauliche Weise.

Auf Basis von 3 Kunden lässt sich eine solche Aussage nicht machen. Hierfür müsste man sehr viel mehr Kunden nach der Farbe des Neuwagens befragen.

b) Sie stellen fest, dass der Verkäufer durchaus mathematisch vorgebildet ist.
Entgegnen Sie ihm durch Argumentation anhand einer Rechnung.

Selbst wenn ein sehr geringes Vertrauensniveau von $\gamma = 68{,}3$ % gewählt wird, erhält man aufgrund der geringen Stichprobengröße ein Vertrauensintervall, welches auch Wahrscheinlichkeiten, die deutlich unter 50 % liegen, einschließt. Ihre Aussage stimmt also nicht.

$n = 3$; $h = \frac{2}{3}$; $\gamma = 68{,}3$ % ; $z = 1$

$VI = [\frac{2}{3} - \sqrt{\frac{\frac{2}{3}(1-\frac{2}{3})}{3}} ; \frac{2}{3} + \sqrt{\frac{\frac{2}{3}(1-\frac{2}{3})}{3}}] = [0{,}395 ; 0{,}939]$

7. Sind die Behauptungen richtig (r) oder falsch (f)?

Durch Vertrauensintervalle schließt man von einer Stichprobe auf die Gesamtheit.	☒ (r)	☐ (f)
Durch Vertrauensintervalle können Ergebnisse von Stichproben abgeschätzt werden.	☐ (r)	☒ (f)
Ein geringer Stichprobenumfang führt zu einer großen Länge des Vertrauensintervalls.	☒ (r)	☐ (f)
Ein nach der Näherungsformel ermitteltes Vertrauensintervall ist stets symmetrisch zum Erwartungswert.	☐ (r)	☒ (f)
Die Näherungsformel zur Ermittelung eines Vertrauensintervalls sollte nur angewendet werden, falls h kleiner als 0,1 ist.	☐ (r)	☒ (f)

---

3 Wiederholung Stochastik Eingangsklasse

Aufgabe 1
In einer Schachtel liegen 2 gelbe, 4 blaue und 5 rote Kugeln. Die Kugeln unterscheiden sich nur in der Farbe. Es werden 2 Kugeln wie folgt gezogen:
Wird im ersten Zug eine rote Kugel gezogen, so wird diese wieder in die Schachtel zurückgelegt. Andersfarbige Kugeln werden nicht zurückgelegt.

1.1 Zeichnen Sie ein Baumdiagramm mit den zugehörigen Wahrscheinlichkeiten.

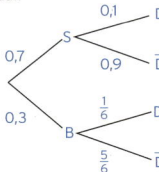

1.2 Berechnen Sie die Wahrscheinlichkeit, dass die zweite gezogene Kugel gelb ist.

$P(2. \text{ Kugel gelb}) = \frac{2}{110} + \frac{8}{110} + \frac{10}{121} = \frac{21}{121} = 0{,}17$

1.3 Berechnen Sie die Wahrscheinlichkeit, dass beim zweiten Zug eine blaue Kugel gezogen wird, falls beim ersten Zug keine blaue Kugel gezogen wurde.

A: keine blaue Kugel im 1. Zug; B: blaue Kugel in 2. Zug

$P_A(B) = \frac{P(A \cap B)}{P(A)} = \frac{\frac{8}{110} + \frac{20}{121}}{\frac{2}{11} + \frac{5}{11}} = \frac{144}{385} = 0{,}37$

Aufgabe 2
In einer Lostrommel befinden sich 50 Nieten und 10 Gewinne. Es werden nacheinander drei Lose gezogen.

2.1 Berechnen Sie die Wahrscheinlichkeiten der folgenden Ereignisse:

A: Alle drei Lose sind Nieten. $\quad P(A) = \frac{50}{60} \cdot \frac{49}{59} \cdot \frac{48}{58} = \frac{980}{1711} = 0{,}573$

B: Nur das zweite Los ist ein Gewinn. $P(B) = \frac{50}{60} \cdot \frac{10}{59} \cdot \frac{49}{58} = 0{,}119$

2.2 Das dritte Los ist ein Gewinn. Mit welcher Wahrscheinlichkeit war auch das erste Los ein Gewinn?

C: Das 3. Los ist ein Gewinn; D: Das 1. Los ist ein Gewinn;

$P(C) = \frac{10}{60} \cdot \frac{9}{59} \cdot \frac{8}{58} + \frac{50}{60} \cdot \frac{49}{59} \cdot \frac{10}{58} + 2 \cdot \frac{50}{60} \cdot \frac{10}{59} \cdot \frac{9}{58} = \frac{1}{6}$

$P(C \cap D) = \frac{10}{60} \cdot \frac{9}{59} \cdot \frac{8}{58} + \frac{10}{60} \cdot \frac{50}{59} \cdot \frac{9}{58} = \frac{3}{118}$

Gesuchte Wahrscheinlichkeit:

Bedingte Wahrscheinlichkeit: $P_C(D) = \frac{P(C \cap D)}{P(C)} = \frac{\frac{3}{118}}{\frac{1}{6}} = 0{,}1525$

Mit einer Wahrscheinlichkeit von 15,25 % war auch das erste Los ein Gewinn.

Aufgabe 3
Für die Produktion des Zwei-Liter-Autos werden unter anderem Scheinwerfereinheiten benötigt. Zunächst wird die Strellux AG mit der Produktion beauftragt. Diese garantiert, dass der Anteil an defekten Einheiten etwa 10 % beträgt.
Nach Anlauf der Serienfertigung wird festgestellt, dass mehr Scheinwerfereinheiten benötigt werden als die Strellux AG liefern kann. Als zweiten Lieferanten wählt man das Unternehmen Briedenband KG, welches allerdings nicht die Fertigungsqualität der Strellux AG erreicht. Bei Briedenband sind $\frac{1}{6}$ der gelieferten Scheinwerfer defekt. 70 % der Teile werden von der Strellux AG geliefert, der Rest von der Briedenband KG.

3.1 Stellen Sie den Zusammenhang in einem Baumdiagramm oder einer Vierfeldertafel dar.

```
        0,1   D
      S
 0,7    0,9   D̄
      
 0,3    1/6   D
      B
        5/6   D̄
```

	S	B	gesamt
D	0,07	0,05	0,12
D̄	0,63	0,25	0,88
gesamt	0,70	0,30	1

3.2 Berechnen Sie, mit welchem Gesamtanteil an defekten Scheinwerfereinheiten zu rechnen ist. $P(D) = P(S \cap D) + P(B \cap D) = 0{,}7 \cdot 0{,}1 + 0{,}3 \cdot \frac{1}{6} = 0{,}12$

Der Gesamtanteil an defekten Scheinwerfereinheiten beträgt 12 %.

3.3 Ermitteln Sie die Wahrscheinlichkeit dafür, dass eine defekte Scheinwerfereinheit von der Briedenband KG stammt. $P(D) = 0{,}12$; $P_D(B) = \frac{P(D \cap B)}{P(D)} = \frac{0{,}3 \cdot \frac{1}{6}}{0{,}12} = 0{,}417$

Mit einer Wahrscheinlichkeit von 41,7 % stammt eine defekte Scheinwerfereinheit von Briedenband.

Aufgabe 4
Die Tabelle zeigt die Wahrscheinlichkeitsverteilung für den Gewinn des Spielers bei einem Glücksspiel. Berechnen Sie den Erwartungswert.

Gewinn in €	4	2	−3
P	$\frac{1}{6}$	$\frac{55}{216}$	$\frac{125}{216}$

X: Gewinn des Spielers

Wahrscheinlichkeit für X = − 3: $1 - \frac{1}{6} - \frac{55}{216} = \frac{125}{216}$

Erwartungswert $E(X) = \frac{1}{6} \cdot 4 + \frac{55}{216} \cdot 2 + \frac{125}{216} \cdot (-3) = -0{,}56$

Auf lange Sicht macht der Spieler einen durchschnitlichen Verlust von 0,56 € pro Spiel.

Aufgabe 5
Für ein Glücksspiel wird das abgebildete Glücksrad verwendet. Nach jedem Drehen zeigt der Zeiger eindeutig auf einen der vier Sektoren. Der zugehörige Buchstabe wird notiert.

Bei einem Schulfest bietet eine Klasse folgendes Spiel an:
Der Spieler zahlt einen Einsatz und darf zweimal drehen.
Wird zweimal A notiert, werden 5 € ausbezahlt. Wird genau einmal A notiert, wird 1 € ausbezahlt. In allen anderen Fällen erhält der Spieler nichts.
Welchen Einsatz muss die Klasse verlangen, damit sie pro Spiel durchschnittlich 10 Cent Gewinn erwirtschaftet?
Zufallsvariable X: Auszahlung in €

Ereignis	zweimal A	genau einmal A	keinmal A
Auszahlung x_i	5	1	0
Wahrscheinlichkeit $P(X = x_i)$	$\frac{1}{12} \cdot \frac{1}{12} = \frac{1}{144}$	$\frac{1}{12} \cdot \frac{11}{12} \cdot 2 = \frac{22}{144}$	$\frac{11}{12} \cdot \frac{11}{12} = \frac{121}{144}$

Hinweis: Die Spalte "keinmal A" ist nicht notwendig für die Berechnung von E(X).

Erwartungswert:

Erwartungswert für die Auszahlung pro Spiel: $E(X) = 5 \cdot \frac{1}{144} + 1 \cdot \frac{22}{144} = 0{,}19$

Ergebnis: Die Klasse muss einen Einsatz von 29 Cent verlangen.

Aufgabe 6
Ein Spielkartensatz besteht aus 32 Karten. In jeder der vier „Farben" (Karo, Herz, Pik und Kreuz) gibt es eine Sieben, eine Acht, eine Neun, eine Zehn, einen Buben, eine Dame, einen König und ein As (Skat-Satz).
Jede Ziehung erfolgt aus dem verdeckten Spielkartensatz. Der Spielkartensatz wird vor jeder Ziehung gemischt.
Aus dem Spielkartensatz wird mehrmals eine Karte mit Zurücklegen gezogen.
Mit welcher Wahrscheinlichkeit erhält man bei 3 Ziehungen keine Karo-Karte?
$P(\text{keine Karo-Karte}) = (\frac{24}{32})^3 = (\frac{3}{4})^3 = 0{,}4219$
Wie oft muss mindestens gezogen werden, damit die Wahrscheinlichkeit, wenigstens eine Karo-Karte zu haben, größer als 99% ist?
Anzahl der Ziehungen n:
$P(\text{mindestens eine Karo-Karte}) = 1 - P(\text{keine Karo-Karte}) = 1 - (\frac{3}{4})^n > 0{,}99$
$(\frac{3}{4})^n < 0{,}01$
Logarithmieren: $\quad n \ln(\frac{3}{4}) < \ln(0{,}01) \quad |: \ln(0{,}01) < 0$
$\qquad\qquad\qquad n > 16{,}008$
Berechnung von n auch mit WTR möglich.
Mindestens 17 Ziehungen sind notwendig.